동국여지지

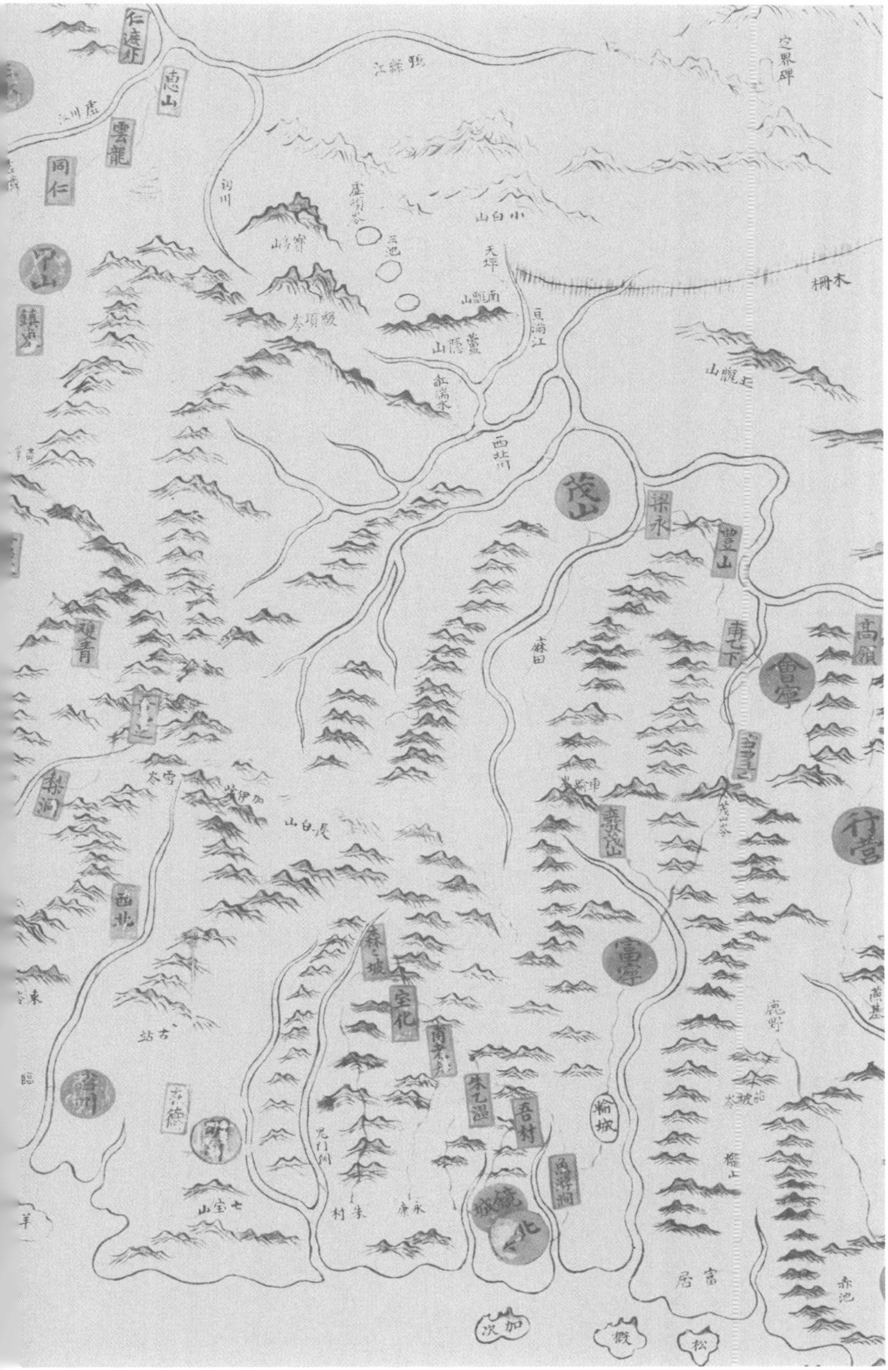

동국여지지 8

함경도

유형원 지음

오세옥 옮김

한국고전번역원

일러두기

1. 이 책의 번역 대본은 서울대학교 규장각한국학연구원 소장 《동국여지지(東國輿地志)》(古4790-51)를 저본으로 한 한국고전번역원 《교감표점 한국고전총간 지리류 5-7 동국여지지 Ⅰ~Ⅲ》이다.
2. 역주는 내용이 간단하면 간주(間註)로, 길면 각주(脚註)로 처리하였다.
3. 한자는 필요한 경우 이해를 돕기 위하여 넣었으며, 운문(韻文)은 원문을 병기하였다.
4. 원문의 오류를 수정하였거나 오류가 의심되는 경우, 교감자료와 중요한 자구(字句)에서 차이가 있는 경우에는 그 내용을 각주로 밝혔다.
5. '한글 맞춤법'의 용법과 다르거나 새로 만든 문장부호는 다음과 같다.

「 」: ' ' 안의 재인용을 나타낼 때 사용한다.

『 』: 「 」 안의 재인용을 나타낼 때 사용한다.

…… : 원문의 '云云'을 처리할 때, 각주에서 긴 인용문을 처리할 때, 각주의 표제어가 네 어절 이상일 경우 생략되는 말을 처리할 때 사용한다.

- - : 본문에서 2차 소자(小字) 및 원문 결락의 처음과 끝에 사용한다.

□ : 원문의 글자가 빠진 빈 난을 표기하거나 '결락과 판독 불가 글자에 대한 지침'에 따라 번역할 때 사용한다.

차례

제8권

함경도
咸鏡道

본래 조선(朝鮮)의 옛 영토인 옥저(沃沮) 지역이다. 천문으로는 미수(尾宿)와 기수(箕宿) 분야이다. 위조선(衛朝鮮) 때에 한 무제(漢武帝)가 조선을 멸하고 이곳에 현도군(玄菟郡)을 설치하였다.[1] 뒤에 군을 고구려(高句麗) 서북쪽으로 옮겼다가 다시 옥저를 현으로 삼아 낙랑 동부도위(樂浪東部都尉)에 예속시켰다. 동한(東漢) 건무(建武) 연간[2]에 도위관(都尉官)을 혁파하고, 그 지역의 거수(渠帥)를 봉하여 옥저후국(沃沮侯國)으로 삼았다. 뒤에 고구려 소유가 되었다. 《후한서(後漢書)》에 "옥저, 예맥(濊貊), 고구려는 본래 모두 조선 지역이다." 하고, 또 이르기를 "동옥저(東沃沮)는 고구려 개마대산(蓋馬大山)의 동쪽에 있어 동쪽은 큰 바다에 닿고, 북쪽은 읍루(挹婁)와 부여(夫餘)에 접하고, 남쪽은 예맥에 접하였다. 그 땅이 동서로는 좁고 남북으로는 긴데, 평균하면 사방 1000리는 된다. 토질이 비옥하며 산을 등지고 바다를 향하였다. 사람들의 성품은 질박하고 강직하며 용감하다. 무제가 조선을 멸하고 옥저의 땅을 현도군으로 삼았다. 뒤에 이맥(夷貊)의 침범을 당해 고구려 서북쪽으로 군을 옮겼다가 다시 옥저를 현으로 삼아 낙랑 동부도위에 예속시켰다. 광무제(光武帝)가 도위관을 없애고 모두 그 지역의 거수를 봉하여 옥저후로 삼았는데, 마침내 고구려에 예속되어 신하 노릇을 하였다. 고구려는 다시 중대인(中大人)을 두어 사

1 위조선(衛朝鮮)……설치하였다 : 위조선은 위만 조선(衛滿朝鮮)으로, 단군 조선(檀君朝鮮), 기자 조선(箕子朝鮮)과 함께 삼조선(三朝鮮)의 하나이다. 한 무제(漢武帝) 원봉(元封) 3년(기원전 108)에 한나라는 위만 조선을 멸하고 낙랑(樂浪), 김둔(臨屯), 현도(玄菟), 진번(眞番) 등 사군(四郡)을 설치하였다. 《漢書 武帝紀》

2 건무(建武) 연간 : 건무는 후한 광무제(後漢光武帝)의 연호로 서기 25년에서 55년 사이이다.

자(使者)로 삼고, 초포(貂布), 어염(魚鹽), 해산물을 1000리에서 지고 운반하게 하였다.[3] 또 북옥저(北沃沮)가 있으니 일명 치구루(置溝婁)이다. 옥저[4]와의 거리가 800리이다. 그 풍속은 남북이 모두 같고, 읍루와 접하고 있다." 하였다. ○ 《삼국사(三國史)》에 "고구려 시조 동명왕(東明王) 10년(기원전 28)에 북옥저를 멸하고 그 지역을 읍으로 삼았으며, 고구려 태조왕(太祖王) 4년(56)에 동옥저를 정벌하여 그 지역을 성읍으로 삼고 경계를 넓혀 동쪽으로 창해에 이르렀다." 하였다. 또 《고려사(高麗史)》 〈지리지(地理志)〉에 "동쪽 경계는 본래 고구려의 옛 지역이다." 하였다. ○ 살펴보건대 옥저의 경계는 《후한서》에 이미 상세히 기재되어 있고, 진수(陳壽)의 〈위지(魏志)〉와 두우(杜佑)의 《통전(通典)》에도 그렇게 기록되어 있다. 《삼국사》에 또 이르기를 "백제(百濟)의 시조 온조왕(溫祚王) 43년(25)에 남옥저(南沃沮) 20여 가구가 부양(斧壤 지금의 평강(平康))에 와서 귀의(歸依)하였다." 하고, "고구려 동천왕(東川王) 20년(246)에 위(魏)나라 관구검(毌丘儉)에게 추격을 당하여 남옥저로 달아났다." 하였다. 대개 옥저의 땅은 조선의 동쪽에 있었으므로 통칭하여 동옥저라고 부르는데, 또 남북으로 구별하여 칭하는 이도 있다. 개마산(蓋馬山)은 바로 지금 함경도와 평안도 두 도의 경계에 있는 등마루가 되는 고개요 큰 산이다. 동옥저의 경계가 남쪽으로 예맥과 접하였으니, 그곳이 철령(鐵嶺) 이북인 것이 분명하다. 북옥저는 또 그 북쪽이니 지금의 북도(北道)가 그 지역일 것이다. 남옥저는 철령 일대로 그 남쪽은 바로 예맥의 부

3 1000리에서……하였다 : 《후한서(後漢書)》 〈동이열전(東夷列傳)〉에는 없는데, 《삼국지(三國志)》 〈위서(魏書) 동이전(東夷傳)〉의 내용을 착각하여 이곳에 실은 듯하다.

4 옥저 : 《후한서》 〈동이열전(東夷列傳) 동옥저(東沃沮)〉에는 '남옥저(南沃沮)'로 되어 있다.

양 지역이고 그 북쪽은 바로 동옥저 지역이며 그 사이에는 더 이상 남은 지역이 없으니, 그렇다면 필시 동옥저 남쪽 지계(地界)를 칭할 것이다. 《후한서》에 또 이르기를 "읍루는 바로 옛 숙신(肅愼) 나라로, 불함산(不咸山)[5] 북쪽에 있고, 부여 동북쪽 1000여 리에 있다. 동쪽으로 큰 바다에 닿아 있고 남쪽으로 북옥저와 접해 있는데, 그 북쪽의 끝은 알지 못하겠다. 너비가 사방 수천 리이고, 토지는 험한 산이 많다. 마포(麻布)와 호초(好貂)가 산출되며, 그 지역의 기온은 극히 추워서 항상 혈거(穴居)한다." 하였다. 《일통지(一統志)》에는 이르기를 "읍루는 옛 숙신씨(肅愼氏) 지역으로 후한(後漢)에서 읍루라고 하고, 원위(元魏 북위(北魏))에서는 물길(勿吉)이라 하고, 수(隋)나라와 당(唐)나라에서는 흑수말갈(黑水靺鞨)이라 하였으니, 여진(女眞)은 바로 그 남은 종족이다." 하였다. 그렇다면 읍루 지역은 바로 지금 야인(野人)의 거주지이다. ○ 또 살펴보건대 현도군은 한 무제가 사군(四郡)을 정할 때에 동옥저를 다스리다가 뒤에 고구려 서북쪽으로 옮겼으니, 현도 사군 이후로 옥저의 땅은 절로 현도에 속하지 않게 되었다. 지금 《삼국사》를 살펴보면, 고구려 태조왕 4년에 동옥저를 정벌하여 그 지역을 읍으로 삼았고, 그 뒤 태조왕 66년(118)에 예맥과 함께 한나라 현도를 습격하여 화려성(華麗城)을 침공하였다. 유주 자사(幽州刺史) 풍환(馮煥), 현도 태수(玄菟太守) 요광(姚光), 요동 태수(遼東太守) 채풍(蔡諷)이 군사를 거느리고 고구려를 침벌하자 왕이

5 불함산(不咸山) : 백두산(白頭山)의 옛 이름이다. 《국역 다산시문집》 제13권 〈백두산(白頭山)을 유람하러 가는 진택(震澤) 신공 광하(申公光河)를 전송하는 서〉에 "백두산은 《산해경(山海經)》에서 말한 불함산이고, 지지(地志)에서 말한 장백산(長白山)이다." 하였고, 《국역 동사강목》 부록 하권 〈개마대산고(蓋馬大山考)〉에 "개마대산이 백두산인 것은 의심할 나위가 없다. 조위(曹魏) 시대에는 불함산으로 일컬었다." 하였다.

험지를 점거하여 대군을 막고 몰래 군사를 보내 현도와 요동 2군을 공략하여 그 성곽을 불태웠다. 신대왕(新大王) 4년(168)에 한나라 현도 태수 경림(耿臨)이 내침하였고, 미천왕(美川王) 3년(302)에 왕이 군사 3만 명을 거느리고 현도를 침공하였다. 고국양왕(故國壤王) 2년(385)에 왕이 요동과 현도를 함락하였는데, 연(燕)나라 모용농(慕容農)이 고구려를 침벌하여 2군을 회복시켰다. 그 연대를 상고(詳考)하면 태조왕 4년은 한나라 광무제 건무 32년[6]이고, 태조왕 66년은 바로 안제(安帝) 원초(元初) 5년이고, 신대왕 4년은 바로 영제(靈帝) 건녕(建寧) 1년이고, 미천왕 3년은 바로 진 혜제(晉惠帝) 태안(太安) 2년[7]이고, 고국양왕 2년은 바로 원제(元帝)[8] 태원(太元) 10년이다. 광무제 때부터 옥저는 이미 고구려의 속읍이 되었지만, 한(漢), 위(魏), 진(晉) 수백여 년을 지나면서 여전히 현도와 공전(攻戰)이 멈추지 않았으며, 한편 현도와 요동은 항상 연이어 붙어 있어 서로 거리가 멀지 않으니, 이에 근거하면 또한 현도가 오래전에 이미 옮겨 간 것을 알 수 있다. 후인들이 잘 이해하지 못하고 매양 옥저 지역을 현도라고 지목하는데, 예전과 지금의 피차 달라진 것을 알지 못하여 이로 인해 오류를 범하였으니, 이 또한 변별하지 않으면 안 된다. 《한지(漢志)》[9]를 살펴보면, "현도군은 낙양(洛陽)과의 거리가 동북쪽으로 4000리이다." 하고 유주 자사부(幽州刺史部)에 예속시켰으니, 이는 대개 요동 경계로 옮긴 현도일 것이다. 당 고종(唐高宗)이 고구려를 멸

6 32년 : 〈연표(年表)〉에는 31년으로 되어 있다.

7 2년 : 〈연표〉에는 1년으로 되어 있다. 오기로 보이나, 근거가 불충분하여 그대로 번역하였다.

8 원제(元帝) : 고국양왕 2년은 〈연표〉에는 동진 효무제(東晉孝武帝)로 되어 있다. 오기로 보이나, 근거가 불충분하여 그대로 번역하였다.

9 한지(漢志) : 《후한서》 지(志) 제23 유주 자사부(幽州刺史部)를 말한다.

하고 그 지역을 안동도호부(安東都護府)에 예속시켰다. 당나라 군대가 이윽고 돌아가자 신라(新羅)가 그 남쪽 지경을 획득하였다. 경덕왕(景德王) 때에 장령진(長嶺鎭) 이남을 명주(溟州)에 예속시켰는데, 장령진 이북 지역은 말갈(靺鞨)과 발해(渤海)에 함락되었고, 이어서 여진의 점령지가 되어 갈라전(曷懶甸)이라 칭해지고 일명 합라로(合懶路)라고도 하였다. 고려(高麗)가 정주(定州) 도련포(都連浦)를 획정(劃定)하여 경계로 삼았고, 성종(成宗) 때에 화주(和州)와 등주(登州) 등을 삭방도(朔方道)에 예속시켰다. 뒤에 삭방을 고쳐 동계(東界)라 하였다가 또 동북면(東北面)으로 개칭하였다. 예종(睿宗) 2년(1107)에 윤관(尹瓘)을 보내 여진을 축출하고 9성을 설치하였는데 그 지역이 선춘령(先春嶺)에 이르렀다. 4년(1109)에 9성을 철폐하여 여진에게 주고 정인지(鄭麟趾)가 말하기를 "고려의 옛 역사 기록에 의하면, '9성 지역은 오랫동안 여진족들이 점거하고 있던 곳인데, 예종 2년에 원수 윤관과 부원수 오연총(吳延寵)에게 명하여 17만의 군사를 거느리고 가서 여진족들을 격퇴시키고 땅을 점령하게 하였다. 이에 동쪽은 화관령(火串嶺)까지, 북쪽은 궁한령(弓漢嶺)까지, 서쪽은 몽라골령(蒙羅骨嶺)까지 정복하여 우리나라 강역으로 만들고, 몽라골령 아래에 990칸(間)이 되는 성랑(城廊)을 쌓고 영주(英州)라 하고, 화관산(火串山) 아래에 992칸이 되는 성랑을 쌓고 웅주(雄州)라 하고, 오림금촌(吳林金村)에 774칸이 되는 성랑을 쌓고 복주(福州)라 하고, 궁한촌(弓漢村)에 670칸이 되는 성랑을 쌓고 길주(吉州)라 하였다. 3년 2월에는 함주(咸州) 및 공험진(公嶮鎭)에 성을 쌓고, 3월에는 의주(宜州), 통태(通泰), 평융(平戎) 세 곳에 성을 쌓았다. 이에 여진족들은 자기들의 근거지를 잃게 되어 고려에 보복할 것을 맹세하고 먼 지역에 있는 군소 추장(酋長)들을 끌어들여 해마다 내침하여 우리도 많은 병력을 잃었다. 뿐만 아니라 새로 개척한 지역은 원래 땅이 넓고 9성 사이의 거리가 매우 멀리 떨어져 있으므로 여진족들이 종종 숲속에 매복하고 있다가 왕래하는 이들을 약탈하니, 나라에서는 군사를 동원하여 대응하느라 매우 번잡해졌다. 4년에 여진족들도 사신을 보내 화의할 것을 요청하여 왔으므로 이때 처음 길주에서부터 순차로 9성의 무기와 물자, 식량을 내지(內地)로 옮기고 마침내 숭녕(崇寧), 통태, 진양(眞陽) 3개 진(鎭) 및 영주, 복주 2개 주의 성에서 철수하였다. 또 함주, 웅주 2개 주 및 선화진(宣化鎭) 성에서 철수하여 여진족에게 돌려주었다.'라고 기록되어 있다. 이로써 살펴보면 함주, 영주, 웅주, 복주, 길주, 의주 6개 주 및 공험진, 통태진, 평융진 3개 진이 9성에 해당된다. 그런데 이 9성에서 철수하여 여진족에게 돌려준 때의 기록에는 의주 및 공험진, 평융진 2개 진이 없고 그 대신 숭녕진, 진양진, 선화진의 3개 진이 나타나 있으니 이 점이 이해가 되지 않는다. 한편 의주 지역은 정주 이남에 있으므로 이는 반드시 여진족을 축출한 뒤에 설치한 것이라고 말할 수 없다. 윤관이 북벌하면서 마침 여기에 이르러 처음 성보(城堡)를 쌓았으므로 9성에 포함시켜 불러 왔지만 철수할 때의 9성 내에는 포함되지 않은 것이 아니겠는가." 하였다. **다시 도련포로 경계를 정하였다. 고종(高宗) 때에 화주(和州) 이북이 모반하여 원(元)나라에 귀부하자 원나라가 화주를 쌍성총관부(雙城摠管府)로 삼았다.** 고종 45년(1258)에 원나라 군사가 침범해 왔는데, 용진현(龍津縣) 사람 조휘(趙暉)와 정주 사람 탁청(卓靑)이 병마사 신집평(愼執平)을 죽이고 화주 이북을 가지고 원나라에 귀부하였다. 원나라가 화주에 쌍성총관부를 설치하여 조휘를 총관으로 삼고 탁청을 천호(千戶)로 삼았다. 이에 도련포 경계 내의 정주, 선덕(宣德), 원흥(元興) 세 관문이 모두 원나라에 함락되었다. **공민왕(恭愍王) 때에 이**

르러 쌍성을 격파하여 그 지역을 회복하고 공민왕 5년(1356)에 군사를 출동시켜 쌍성을 격파하여 정주, 장주(長州), 화주, 등주(登州), 예주(預州), 고주(高州), 문주(文州), 선주(宜州) 및 선덕, 원흥, 영인(寧仁), 요덕(耀德), 정변(靜邊) 등의 진(鎭)을 수복하였다. 그 말년에 미쳐 길주까지 북쪽 지역을 모두 수복하였다. 다시 동북면이라 부르고, 또 강릉삭방도(江陵朔方道)라고도 칭하였다. 전후 칭호가 누차 바뀌었으나 고려 초부터 끝까지 공험(公嶮) 이남과 삼척(三陟) 이북은 통칭하여 동계(東界)라 하였다. 신우(辛禑) 때에 삭방도가 비로소 강릉도(江陵道)에서 분리되어 스스로 한 도가 되었다. 본조 초에 지역이 두만강(豆滿江)까지 넓혀졌다. 태종(太宗) 때에 삭방을 고쳐 영길도(永吉道)라 하고, 얼마 뒤에 함길도(咸吉道)로 고쳤다. 성종(成宗) 초에 영안도(永安道)로 고쳤다. ○ 세조조(世祖朝)에 길주 사람 이시애(李施愛)가 주를 거점으로 삼아 모반을 일으키자 토벌하여 평정하였다. 예종(睿宗) 초에 길주를 강등시켜 현으로 삼았다가 이때에 이르러 또 함흥이 반란을 동조하여 관찰사를 죽인 곳이라 하여[10] 강등시켜 군으로 삼고 관찰사영을 영흥으로 옮긴 다음 도의 이름을 고친 것이다. 연산군(燕山君) 때 다시 함경도(咸鏡道)라 하였다. 함흥부(咸興府)를 회복시켜 도로 관찰사영을 옮긴 다음 지금 이름으로 고쳤다. 부(府) 1개, 대도호부(大都護府) 1개, 목(牧) 1개, 도호부(都護府) 12개, 군(郡) 4개, 현(縣) 3개이다.

10 함흥이……하여 : 함흥부 사람이 관찰사 신면(申沔)을 죽이고 모반하여 이시애와 호응한 일을 말한다.

관원

관찰사(觀察使) 1인이다.

병마절도사(兵馬節度使) 3인이다. 1인은 남도, 1인은 북도를 맡고, 1인은 관찰사가 겸한다.

수군절도사(水軍節度使) 3인이다. 1인은 관찰사가 겸하고, 2인은 남도와 북도의 절도사가 겸한다. ○ 중종(中宗) 4년(1509)에 남도에 예속된 낭성(浪城), 도안(道安) 두 포(浦)를 혁파하고 이어서 남도 절도사가 겸하였던 수군절도사를 혁파하였다.

병마우후(兵馬虞候) 1인이다. 북도에 있다. 중종 7년(1512)에 갑산부(甲山府)가 재차 오랑캐의 침략을 당하자 남도 우후를 병설하고 남도 평사(南道評事)를 혁파하였다.

도사(都事) 1인이다.

병마평사(兵馬評事) 2인이다. 정6품이다. 1인은 북도, 1인은 남도를 맡는데, 남도는 지금 혁파하였다.

심약(審藥) 3인이다. 1인은 관찰사영에, 2인은 남도와 북도의 절도사영에 둔다.

검률(檢律) 1인이다.

함흥부咸興府

동쪽으로 홍원현(洪原縣) 경계까지 70리이다. 남쪽으로 정평부(定平府) 경계까지 27리이다. 서쪽으로 평안도 강계부(江界府) 경계까지 280리이다. 북쪽으로 삼수군(三水郡) 경계까지 210리, 북청부(北青府) 경계까지 175리이다. 서울과의 거리는 868리이다.

한전 旱田

수전 水田

건치연혁 建置沿革

본래 고구려 지역이다. 읍호는 미상이다. 뒤에 범범히 고구려 땅이라고 말한 것이 이와 같다. 뒤에 발해에 함락되고 이어서 동여진(東女眞)에게 점거되었다. 고려 예종(睿宗) 2년(1107)에 윤관(尹瓘) 등에게 명하여 여진을 공격하여 몰아내고, 함주대도독부(咸州大都督府)를 설치한 다음 진동군(鎭東軍)이라 칭하였다. 4년(1109)에 그 지역을 여진에게 돌려주었는데, 뒤에 원(元)나라에 편입되어 합란부(哈蘭府)라 칭해지고 쌍성(雙

城)에 예속되었다. 공민왕(恭愍王) 5년(1356)에 쌍성을 격파하고 그 땅을 수복하여 함주만호부(咸州萬戶府)를 설치하고 곧이어 승격시켜 함주목(咸州牧)으로 삼았다. 본조 태종(太宗) 16년(1416)에 승격시켜 함흥부(咸興府)로 삼았다. 성종(成宗) 초에 강등시켜 군(郡)으로 삼았다. ○ 세조(世祖) 때 부 사람이 관찰사 신면(申㴐)을 죽이고 모반하여 이시애(李施愛)와 호응하였기 때문에 칭호를 강등시켰다. 연산군(燕山君) 4년(1498)에 다시 예전대로 부로 삼고 진(鎭)을 설치하였다. 관장하는 면은 23개이다. 도내 주, 현, 각 면을 모두 사(社)로 칭하였다.

진관

대도호부(大都護府) 1개 영흥(永興)

도호부(都護府) 1개 정평(定平)

군(郡) 1개 고원(高原)

관원

부윤(府尹) 관찰사가 겸한다.

판관(判官), 교수(敎授) 각 1인이다.

군명 郡名

함주(咸州), 합란부(哈蘭府)

형승 形勝

산을 등지고 바다를 향하고 있다. 《후한서(後漢書)》에 "동옥저(東沃沮)는 동쪽으로 큰 바다에 접해 있고 북쪽으로 읍루(挹婁)에 접해 있고 남쪽으로 예맥(濊貊)에 접해 있다. 그 지역이 동서로 좁고 남북으로 길며, 산을 등지고 바다를 향하고 있다."라고 하였다.

들판이 넓고 물살이 세다. 《삼한회토기(三韓會土記)》에 "삼한(三韓) 산맥은 몽라골령(蒙羅骨嶺)에서 장산(長山)과 영산(嶺山)이 되고, 두리산(頭里山)이 되고, 두백산(頭白山)이 되고, 개마산(蓋馬山)이 되고, 그 아래가 동옥저가 된다. 이 지역은 들판이 넓고 물살이 세며, 기풍(氣風)이 사납고 세다."라고 하였다.

산과 바다 사이에 끼어 있다. 본조 김세렴(金世濂)이 영북(嶺北) 사정에 대해 올린 장계(狀啓)[11]에 "본도의 지형은 좁고 길게 한 가닥으로 되어 있고, 열읍(列邑)이 산과 바다 사이에 끼어 있다."라고 하였다.

함관(咸關)은 그 동쪽에 있고, 대령(大嶺)은 그 서쪽으로 뻗어 나갔고, 명해(溟海)는 그 남쪽을 두르고 있다. 영북(嶺北)의 도회지이다. 모두 〈부지(府志)〉에 나온다.

산천이 광대하고 충만하다. 본조 이석형(李石亨)의 〈문소루기(聞韶樓記)〉에 "철령(鐵嶺)에서 북쪽으로 길게 1000여 리 이어진 곳은 큰 바다에 접하고 큰 산이 겹겹이 있어서 번진(藩鎭)이 바둑돌처럼 늘어서 있는데, 함흥이 홀로 그 요충지에 위치해 있다. 산천이 광대하고 충만하며 성읍이 웅장

11 김세렴(金世濂)이……장계(狀啓) : 〈함경도 내 형세에 대한 장계(咸鏡道內形勢狀)〉이다. 《東溟集 卷7》

하다."라고 하였다.

풍속 風俗

순박하고 우직하며, 강하고 용맹하다. 동옥저 사람의 성품은 순박하고 우직하며 강하고 용맹하다.

말달리고 활 쏘는 것을 덕으로 삼으며, 이익으로 선동하면 가볍게 허락한다. 모두 본조 이윤손(李尹孫)의 〈향교기(鄕校記)〉에 나온다.

무사(巫祠)를 숭상한다. 〈부지〉

부지런하고 검소하며, 힘이 세고 사납다. 〈부지〉에 이르기를 "그 토질이 대부분 메마르고 날씨가 일찍 추워지지만, 사람들의 성품이 부지런하고 검소하며 힘이 세고 사납다. 한 도 내의 주군(州郡)이 대부분 이와 같다."라고 하였다.

장곡거(長轂車)[12]를 사용한다. 풍속이 장곡거와 번거(藩車)[13]를 즐겨 사용하는데, 다른 군현에서도 그러하다.

산천 山川

성관산(城串山) 부 북쪽 2리에 있다. 진산(鎭山)이다. 산허리에 작은 샘이

12 장곡거(長轂車) : 바퀴통이 크고 길어서 키가 높아진 형태의 수레로서 단곡거(短轂車)와 대비된다. 《周禮 考工記 車人》

13 번거(藩車) : 수레 덮개에 휘장을 드리워 사면을 가린 수레이다. 《漢書 陳遵傳》

있다. 산에 구름이 일면 곧 비가 온다. ○ 고려 공민왕 때에 우리 태조(太祖)가 납합출(納哈出)을 토벌할 적에 "마침내 3군(軍)으로 나누어 좌군(左軍)은 성관산을 경유하고……"[14]라고 한 것이 바로 이곳이다.

기린산(麒麟山) 부 북쪽 90리에 있다. 사람들이 산곡대기에 올라가서 떠들면 운무(雲霧)가 일어 길을 잃어버린다.

태백역산(太白亦山), **소백역산**(小白亦山) 모두 부 북쪽 160리에 있다. 두 산이 서로 연접하여 극히 웅대한데, 바라보면 모두 희기 때문에 민간에서 백역산(白亦山)이라고 한다. 두백산(頭白山)이라고도 한다.

부전령(赴戰嶺) 부 북쪽 140리에 있다.

황초령(黃草嶺) 부 북쪽 110리에 있다. 설렬한령(薛列罕嶺)과의 거리는 50리이다.

화피령(樺皮嶺)

설렬한령(薛列罕嶺) 부 서쪽 280리에 있다. 일명 설한령(雪寒嶺)이라고 한다. 그 서쪽은 바로 평안도 강계부 경계로, 두백산에서 남쪽으로 300여 리를 뻗어 내려와 바로 이 산령(山嶺)이 된다. 《회토기(會土記)》에 "두리산(頭里山)에서부터 두백산이 되고, 개마산(蓋馬山)이 된다."라고 한 것이 바로 이곳이다. 이 산 남쪽으로 낭림령(狼林嶺), 검산령(劍山嶺), 마유령(馬踰嶺) 등 여러 고개가 이어져 있으니, 예전에 통칭하여 개마대산(蓋馬

14 마침내……경유하고 : 《고려사(高麗史)》 권40 〈공민왕세가(恭愍王世家)〉 11년 7월 기사에 "정주(定州)에 돌아와 며칠 동안 주둔하면서 군사를 휴양시키고 먼저 요충지마다 매복시킨 다음 군사를 3군으로 나누어 좌군은 성관(城串)을 경유하고, 우군은 도련포(都連浦)를 경유하고, 그리고 태조는 중군을 거느리고 송원(松原) 지방을 담당하여 납합출과 함흥 평야에서 조우하였다."라고 하였다.

大山)이라 하였는데, 이곳이 그 북쪽 산허리이다. 강계부에도 보인다.

함관령(咸關嶺) 부 동북쪽 70리에 있다. 높고 거대한 산이 가로로 뻗어 있어 북로의 요해처이다.

차유령(車踰嶺) 부 동북쪽 73리에 있다. 그 고개 남쪽을 함관령이라 하고, 북쪽을 차유령이라 하니, 두 고개 사이의 거리는 20여 리이다. ○ 함관령은 홍원현에도 보인다.

송동령(松洞嶺) 부 동쪽 45리에 있다.

덕산(德山) 부 동북쪽 45리에 있다.

운주산(雲住山) 부 동쪽 20리에 있다.

우두산(牛頭山) 부 동쪽 40리에 있다.

오봉산(五峯山) 부 북쪽 30리에 있다.

천불산(千佛山) 부 서북쪽 90리에 있다.

백운산(白雲山) 부 서쪽 63리에 있다.

중봉산(中峯山) 부 서쪽 25리에 있다.

토아동(兎兒洞) 부 북쪽 90리, 고천사(高遷社)에 있다. 신우(辛禑) 때에 심덕부(沈德符)가 대문령(大門嶺)에서 왜적을 공격하다가 패하자 적의 기세가 더욱 강성해졌다. 태조가 공격하러 가서 함주(咸州)에 이르러 여러 장수의 부서(部署)를 정돈하고 곧장 적들이 주둔하고 있는 토아동으로 가서 동구(洞口) 좌우에 군사를 매복시켰다. 적들이 먼저 토아동 안의 동쪽과 서쪽 산을 점거하고 있다가 멀리서 나각(螺角) 소리를 듣고 크게 놀라며 말하기를 "이는 이□□의 차거(硨磲) 나각 소리이다."[15] 하였다. 태조가 이

15 이는……소리이다 : 《고려사절요》에는 □□에 '태조의 옛 이름'이라는 소주가 있다. 차

두란(李豆蘭) 등 100여 명의 기병(騎兵)을 거느리고서 고삐를 잡고 천천히 그 사이를 지나니, 적들은 군사가 적으면서도 걸음이 느린 것을 보고는 의심하여 감히 공격하지 못하고 동쪽 적이 서쪽 적에게로 가서 함께 진을 쳤다. 태조는 동쪽 적이 주둔하고 있는 곳으로 올라가서 호상(胡床)에 걸터앉고 군사들에게 안장을 벗기고 말을 쉬게 하였다. 한참 뒤 말에 오르려 할 때 100보 밖에 마른 나뭇가지가 있었는데, 태조가 연속으로 세 번 쏘아 모두 명중시키니, 적들이 서로 돌아보며 놀라고 탄복하였다. 태조가 사람을 보내 호통치기를 "이번 주장(主將)은 바로 이 만호(李萬戶)[16]이다. 너희들은 속히 와서 항복하라. 그렇지 않으면 후회해도 소용없다." 하니, 적이 그 부하들과 항복을 의논하면서도 결정하지 못하고 있었다. 태조가 말하기를 "저들이 해이해진 틈을 이용하여 공격해야 한다." 하고, 드디어 이두란과 조영규(趙英珪)로 하여금 적을 유인해 오게 하고 태조는 거짓으로 쫓기는 척하였다. 적이 추격하자 복병이 일어나면서 태조가 마침내 군사를 돌려 진격하니, 가는 곳마다 적군이 쓰러지고 흩어졌으며 화살을 쏘면 적의 두꺼운 갑옷도 뚫었다. 이에 적들이 모두 달아나 두너지니, 관군(官軍)이 승세(勝勢)를 타고 진격하며 지르는 함성이 천지를 진동하였고 적의 시체가 들을 덮었다. 나머지 적들은 천불산으로 들어갔는데 모조리 사로잡았다.

거는 조개껍데기를 가공한 것으로 불교에서 말하는 칠보의 하나이다.《국역 고려사절요 권32 신우(辛禑) 3 11년(1385)》

16 이 만호(李萬戶) : 태조가 동북면 상만호(東北面上萬戶)를 지냈으므로 스스로를 칭한 것이다.《해동역사(海東繹史)》 권23 〈병지(兵志) 병기(兵器)〉에 "왜인이 이 만고라고 칭하는 사람은 바로 우리 태조이다. 우리 태조께서 일찍이 동북면 상만호로서 위엄과 덕이 왜인에게 드러났으므로 왜인들이 '이 만호'라고 칭하였다. 왜음(倭音)은 고(古)와 호(戶)가 서로 통용되니……" 하였다.

덕산동(德山洞) 부 동쪽 40리, 함관령과 차유령 남쪽에 있다. 우리 태조가 납합출과 여기에서 대전하여 격퇴시키고, 달아나는 적을 함관령과 차유령 너머까지 추격하여 거의 섬멸하였다.

사음동(舍音洞) 부 동북쪽 25리에 있다.

함흥평(咸興坪) 부의 동쪽, 서쪽, 남쪽이 모두 큰 들로 되어 있는데, 이를 세속에서 함흥평이라 이른다. 납합출이 이곳에 진을 치자 태조가 단기(單騎)로 돌진하여 적을 시험하니, 적의 날랜 장수 3인이 함께 바싹 추격해 왔다. 태조가 갑자기 말을 달려 오른쪽으로 나가자 세 장수가 미처 고삐를 당겨 돌리지 못하였다. 태조가 뒤에서 이들을 쏘았는데, 모두 활시위 소리와 함께 거꾸러졌다. 옮겨 다니며 싸우면서 크게 격파하였다.

바다〔海〕 부 남쪽 30리에 있다.

성천강(城川江) 부 서쪽 2리에 있다. 그 원류는 둘인데 하나는 갑산부(甲山府) 경내 화기령(樺岐嶺)에서 나오고, 또 하나는 평안도 희천군(熙川郡) 경내에서 나온다. 합류하여 부 서북쪽 합란동(哈蘭洞)을 경유한 다음 성 남쪽을 거쳐 도련포(都連浦)에 이르러 바다에 들어간다. 본조 정철(鄭澈)의 시[17]에 "백악은 멀리 하늘에 이어지고, 성천은 아득히 바다에 들어간다.〔白岳連天遠 城川入海遙〕"라고 한 것이 이곳이다.

도련포(都連浦) 예전에는 도린포(都麟浦)라고 하였다. 부 남쪽 30리, 정평부 경계에 있다. 목장(牧場)이 있다. 고려 때에 쌓은 장성(長城)의 끝이 여기까지 닿아 있다. 정평부에도 보인다.

화도(花島) 부 남쪽 45리에 있다. 대나무를 심었다.

17 정철(鄭澈)의 시 : 〈의월정(宜月亭)〉이다. 《松江集 卷1》

송도(松島) 부 동쪽 85리에 있다. 바로 연해 지역이다. 땅이 평평하고 수초(水草)가 있다. 둘레가 30리이다.

호련천(湖連川) 부 동쪽 8리에 있다.

평천(平川) 일명 가한천(嘉漢川)이라고 한다. 부 서쪽 18리에 있다.

미진포(微塵浦) 부 남쪽 30리에 있다.

토산 土産

명주실〔絲〕, 삼〔麻〕, 화피(樺皮), 지치〔紫草〕, 인삼(人蔘), 복령(茯苓), 안식향(安息香), 오미자(五味子), 송이버섯〔松蕈〕, 석이버섯〔石蕈〕, 잣〔海松子〕, 매〔鷹〕, 사향(麝香), 영양(羚羊), 담비〔貂〕, 청서(靑鼠), 황서(黃鼠), 꼬리털을 황모(黃毛)라 하는데, 붓 만드는 데 가장 좋다. 혹 낭모필(狼毛筆)이라고 칭한다. 산달(山獺), 수달(水獺), 소금〔鹽〕, 미역〔藿〕, 연어(鰱魚), 송어(松魚), 황어(黃魚), 전복〔鰒〕, 조개〔蛤〕, 홍합(紅蛤), 해삼(海蔘), 과어(瓜魚 빙어), 고등어〔古刀魚〕, 은어(銀魚 도루묵), 은구어(銀口魚 은어), 청어(靑魚), 광어(廣魚), 수어〔秀魚〕, 비목어(比目魚), 세속에서 가어(加魚)라고 칭한다. 굴〔石花〕, 게〔蟹〕, 홍어(洪魚), 방어(魴魚), 삼치〔麻魚〕, 여항어(餘項魚)

성곽 城郭

부성(府城) 돌로 쌓았다. 둘레는 4640자이다. 세 개의 문을 세웠으니, 동문을 □□, 남문을 남화(南華), 서문을 □□라 한다. 성안에 우물 16개와 못

3개가 있다. ○ 선조(宣祖) 때에 관찰사 장만(張晩)이 그 동남쪽을 축소하여 다시 쌓았다.

공서 公署

관찰사영(觀察使營) 부성 안에 있다. 태종조에 부를 관찰사 본영으로 삼았다. 성종 초에 영을 영흥부(永興府)로 옮겼다가 연산군 4년(1498)에 다시 본부로 돌아왔다.

학교 學校

향교(鄕校) 부 북쪽 1리에 있다.

문회서원(文會書院) 부 북쪽 5리에 있다. 명종조(明宗朝)에 교수(敎授) 고응척(高應陟)이 북방 풍속이 문학을 숭상하지 않는다고 하여 관찰사 이후백(李後白)에게 청하여 이 서원을 세워 본도 유사(儒士)들이 학업을 강마하는 곳으로 삼았다.

궁실 宮室

경흥전(慶興殿) 부 동쪽 10리, 귀주리(歸州里)에 있다. 바로 우리 태조 옛집이다. ○ 공정왕(恭靖王 정종(定宗)) 및 태종이 여기에서 탄생하였으므로 옛터에 이 전을 세웠다. 세속에서 본궁(本宮)이라고 칭한다.

풍패관(豐沛館) 바로 객관(客館)이다.

향사당(鄕射堂) 풍패관 서쪽에 있다.

연무당(鍊武堂) 성 남문 밖에 있다.

문소루(聞韶樓) 풍패관 북쪽에 있다. 예전에 누각이 있었는데 허물어졌다. 세종(世宗) 30년(1448)에 관찰사 권맹손(權孟孫)이 중건하였는데, 임금이 함흥을 조종이 왕업을 세운 터전이라 하여 특별히 신악(新樂)인 《용비어천가(龍飛御天歌)》를 하사하였다. 누각이 완성되면서 음악이 마침 이르렀으므로 이렇게 이름하였다. 본조 박원형(朴元亨)의 시에,

높은 누대 올라 바라보니 때는 마침 봄인데	高樓登眺正春天
지난 일은 아득하여 눈가에 가물가물하네	往事悠然一望邊
풍패 위의 여러 능[18]은 모두 몇 대런가	豐上諸陵凡幾世
기산 남쪽의 옛집[19]도 이미 많은 세월 흘렀구나	岐陽舊宅已多年
소악 연주하니 제나라에서 석 달간 고기 맛 잊은 격[20]이요	樂聞韶奏齊三月
훈풍가 올리니 순 임금 오현금 타는 듯하네[21]	歌入薰風舜五絃

18 풍패(豐沛)……능 : 풍패는 한 고제(漢高帝)의 고향으로, 후대에 제왕의 고향을 의미하는 말로 쓰였다. 함흥에는 태조 이성계의 선조인 목조(穆祖), 도조(度祖), 환조(桓祖) 3대의 능이 있다.

19 기산(岐山) 남쪽의 옛집 : 기산은 주(周)나라가 일어난 곳이다. 옛날의 흉노(匈奴)인 훈육(薰育)이 빈(邠) 땅을 쳐들어오자 고공단보(古公亶父)가 이를 피해 기산 아래로 도읍을 옮겼다. 함흥이 조선의 왕업이 시작된 터전이므로 기산에 비유한 것이다.

20 소악(韶樂)……격 : 소악은 순(舜) 임금의 음악이다. 《논어》〈술이(述而)〉에 "공자께서 제(齊)나라에 계실 때에 소악을 듣고 석 달을 고기 맛을 모르셨다. 공자가 말씀하기를 '음악을 만드신 것이 이런 경지에 이르렀을 줄은 생각도 못하였다.' 하였다."라고 한 데서 인용한 말이다. 여기서는 《용비어천가》를 소악에 비유하여 찬탄한 것이다.

21 훈풍가(薰風歌)……듯하네 : 〈훈풍가〉는 순 임금이 오현금(五絃琴)을 처음으로 만들어 부른 노래이다. 〈남풍가(南風歌)〉라고도 한다. 그 노래는 "훈훈한 남쪽 바람이여 우리 백성의 수심을 풀어 주기를 제때에 부는 남풍이여 우리 백성의 재산을 늘려 주기를.〔南風之薰兮, 可

붓을 꽂고[22] 하필 옛 자취만 찾을 건가　　珥筆何須探古跡
큰 글씨로 써서 후세 사람에게 전하였구려[23]　　大書留與後人傳

하였다.

선경루(仙景樓) 객관 북쪽에 있다. ○ 박원형의 시에,

높은 누각 층층이 큰 들 동쪽에 임해 있고　　高閣層臨大野東
먼 산 뻗어 와 바다 포구 끌어다 통하였네　　遙岑來控海門通
빈풍 시의 농사일은 천 년이 지났는데　　豳風稼穡千年後
위나라 산하는 한눈에 들어오네[24]　　魏國山河一望中
푸릇푸릇한 강 언덕에 비 뿌옇게 날리고　　碧草堤邊江雨白

以解吳民之慍兮. 南風之時兮, 可以阜吳民之財兮.)" 하였다. 《禮記 樂記》 《孔子家語 辯樂解》 여기서는 《용비어천가》의 가사를 〈훈풍가〉에 비유하여 말한 것이다.

22 붓을 꽂고 : 시종신(侍從臣) 혹은 사관(史官)을 가리킨다. 한(漢)나라 때 임금 가까이에서 시종하는 신하가 항상 기록할 일에 대비하여 관(冠) 옆에 붓을 꽂고 다녔던 데에서 유래한 것이다.

23 큰……전하였구려 : 《저헌집(樗軒集)》 권하(卷下) 〈함흥문소루기(咸興聞韶樓記)〉에 "권맹손(權孟孫)이 감사가 되어 이 누대를 지었는데 누대를 낙성하던 날에 임금이 내린 《용비어천가》가 마침 이르렀으니, 이석형(李石亨)이 문소로 이름 짓고, 안평대군(安平大君)이 문소루 세 글자를 큰 글씨로 써서 걸었다."라고 한 것을 보면, 권맹손이 문소루 기문을 짓게 하고 현판을 걸어 후세에 전한 일을 지칭하여 그 공적을 칭송하는 말인 듯하다.

24 빈풍(豳風)……들어오네 : 빈풍은 《시경》 국풍(國風)의 하나이다. 빈풍 가운데 〈칠월(七月)〉은 특히 주공(周公)이 옛날 주(周)나라의 선조인 후직(后稷)과 공류(公劉)가 빈(豳) 땅에서 친히 농사에 힘써 백성들을 잘살게 하였던 사실을 노래하여 성왕(成王)을 경계시키는 내용이다. 후한(後漢) 말 위나라 왕찬(王粲)이 동탁(董卓)의 난리를 피하여 형주(荊州)의 유표(劉表)에게 가서 몸을 의탁하고 있을 적에 유표에게 그다지 후한 대우를 받지 못한 채 불우한 세월을 보내다가, 고향 생각이 절실해지자 강릉(江陵)의 성루(城樓)에 올라가서 고향 하늘을 바라보며 〈등루부(登樓賦)〉를 지은 고사가 전한다. 《三國志 魏書 王粲傳》 여기서 위나라 산하는 함흥의 산하를 말한다. 함흥을 빈 땅에 비유하여 선조들이 오래전 풍요를 누리던 때를 회상하며 함흥 산하를 둘러본다는 의미로 보인다.

녹색 버들 그늘 아래 이슬 맺힌 복숭아 붉어라　　綠楊陰下露桃紅
외로이 읊조려 등루부 아직 다 못 외웠는데　　孤吟未就登樓賦
길게 울리는 피리 소리 저녁 하늘 희롱하네　　長笛聲催弄晚空

하였다.

낙민루(樂民樓) 바로 성 서쪽 초루(譙樓)이다. 성천강(城川江) 가에 있다. 뭇 산이 평야를 멀리서 돌고 동쪽으로 끝까지 바다가 펼쳐져 있는데, 앞에는 물이 흐르고 만세교(萬歲橋)가 그 아래에 있으며, 성 안팎의 민가, 도로, 수목, 행인이 모두 눈 아래에 있다. 그 웅장하고 화려함이 우리나라의 최고로서 평양(平壤)의 부벽루(浮碧樓)와 선두를 다툰다. ○ 본조 허적(許樀)의 시[25]에,

대황[26]이 많이 없어져 여기 다시 증축하니　　臺隍多廢此增修
천 길 성곽이 백 척 누각과 연하였네　　千仞城連百尺樓
우뚝한 성가퀴 바로 북극 하늘 닿았고　　危堞正當天北極
나는 용마루 곧장 바다 동쪽 누르네　　飛甍直壓海東頭
망망한 큰 들판 구름 가까지 닿아 있고　　茫茫大野雲邊盡
아득한 뭇 산봉우리 물 위에 떠 있네　　渺渺群峯水上浮
홀로 서서 눈 다하도록 외로운 새 바라보니　　獨立眼窮孤鳥外
고향이 어디에 있던가 생각이 가물가물　　鄕關何處思悠悠

하였다. ○ 본조 김세렴(金世濂)의 시[27]에,

25 허적(許樀)의 시 : 〈낙민루에 올라〔登樂民樓〕〉이다. 《水色集 卷2》
26 대황(臺隍) : 누대(樓臺)와 성 밖으로 물을 둘러친 해자(垓字)를 말한다.
27 김세렴(金世濂)의 시 : 〈낙민루에 쓰다〔題樂民樓〕〉이다. 《東溟集 卷5》

성 머리 관곽이 높은 산을 굽어보고　城頭官閣壓岧嶢
난간 밖 긴 호수가 판교를 넘어가네　檻外長湖駕板橋
변방의 대황은 원래 장려한 법이고　塞國臺隍元壯麗
북쪽 군영 병마는 극히 날래다네　朔庭兵馬極凌驍
구름 걷힌 큰 골에 붉은 해 오르고　雲收大壑騰紅日
서리 내린 평원에선 수리새 먹이 잡네　霜落平蕪搏皁雕
수자리 십 년 내내 북소리 급하니　征戍十年鼙鼓急
오늘날 누가 곽 표요[28]인가　秖今誰是霍驃姚

하였다.

남화루(南華樓) 바로 성 남문이다. 종을 달아서 새벽과 저녁을 알린다. ○ 본조 최경창(崔慶昌)의 시[29]에,

함관은 예로부터 큰 도회지이니　咸關自古大都會
해 뜨면 시끌벅적 거마가 왕래하지　日出喧喧車馬塵
성 밖 다리 어귀에 버드나무 늘어졌는데　城外橋頭楊柳樹
오가는 사람들 대부분 이별하는 이들이지　往來多少別離人

하였다.

북산루(北山樓) 바로 성 북쪽 초루이다.

28 곽 표요(霍驃姚) : 한(漢)나라 곽거병(霍去病)을 가리킨다. 표요교위(驃姚校尉)로서 흉노(匈奴)를 쳐서 공을 세워 표기장군(驃騎將軍)이 되고 관군후(冠軍侯)에 봉해졌다.《漢書 霍去病傳》 두보(杜甫)의 시 〈후출새(后出塞)〉에 "구슬픈 갈피리 소리 자주 들리니, 장병들은 서글퍼도 동요하지 않네. 묻노니 저 대장은 누구인가, 아마도 곽 표요이리라.〔悲笳數聲動, 壯士慘不驕. 借問大將誰, 恐是霍嫖姚.〕" 하였다.

29 최경창(崔慶昌)의 시 : 〈함흥제영(咸興題詠)〉이다.《孤竹遺稿》

칠보정(七寶亭) 풍패관 동쪽 못 안에 있다.

의월정(宜月亭) 성 서쪽 성천강 가에 있다. 바로 영송(迎送)하는 장소이다.

○ 본조 이호민(李好閔)의 시[30]에,

의월정은 오랫동안 영송하던 곳이라　宜月久爲迎送地
애달프게 긴긴 세월 얼마나 지나갔나　勞勞萬古幾人經
정자 앞에 백 리 들판 펼쳐 있으니　爲是前臨百里野
가는 길에 우뚝한 학선정 보이네　行塵看起鶴仙亭

하였다.

학선정(鶴仙亭) 부 서쪽 19리, 평천(平川) 가에 있다. 강효문(康孝文)이 관찰사를 지낼 때 지었다.

봉수 烽燧

무을계재 봉수(無乙界岾烽燧) 부 동쪽 107리에 있다. 동쪽으로는 홍원현의 남산(南山)에 응하고, 서쪽으로는 적구미(狄仇未)에 응한다.

적구미 봉수(狄仇未烽燧) 부 동쪽 80리에 있다. 동쪽으로는 무을계에 응하고, 남쪽으로는 마구미(馬仇未)에 응한다.

마구미 봉수(馬仇未烽燧) 부 동쪽 63리에 있다. 북쪽으로는 적구미에 응하고, 서쪽으로는 혼동재(昏東岾)에 응한다.

혼동재 봉수(昏東岾烽燧) 부 동쪽 38리에 있다. 동쪽으로는 마구미에 응하고, 서쪽으로는 안양외관(安陽外串)에 응한다.

30 이호민(李好閔)의 시 : 〈관북십절(關北十絶)〉 중 〈의월정(宜月亭)〉이다. 《五峯集 卷1》

안양외관 봉수(安陽外串烽燧) 부 남쪽 24리에 있다. 동쪽으로는 혼동재에 응하고, 북쪽으로는 성관산(城串山)에 응한다.

성관산 봉수(城串山烽燧) 남쪽으로는 안양외관에 응하고, 서쪽으로는 정평부의 비백산(鼻白山)에 응한다.

우역 郵驛

평원역(平原驛) 부 남쪽 2리에 있다.

덕산역(德山驛) 부 동북쪽 32리에 있다.

신원(新院) 부 동북쪽 52리에 있다.

평천원(平川院) 부 서쪽 19리, 학선정 옆에 있다.

관량 關梁

함관만세교(咸關萬歲橋) 부성 서쪽에 있다. 성천강에 놓여 있다. 나무로 다리를 만들었다. 너비는 수레 5대가 나란히 지날 정도이고, 그 길이는 거의 5리나 된다.

사묘 祠廟

사직단(社稷壇) 부 서쪽에 있다.

문묘(文廟) 향교에 있다.

성황사(城隍祠) 성안에 있다.

송도사(松島祠), **화도사**(花島祠) 모두 봄가을에 본읍에서 치제(致祭)한다.

여단(厲壇) 부 북쪽에 있다.

경헌사(敬憲祠) 이계손(李繼孫)이 일찍이 관찰사를 지낼 때 학문을 흥기시킨 공로가 있으므로 북도 사람들이 향사하였다. 사당은 예전에는 영흥부(永興府)에 있었는데, 중간에 폐하였다가 오늘날 본부 문회당(文會堂) 옆에 중건하였다. 경헌은 이계손의 시호이다.

창의사(彰義祠) 부성 동쪽, 장관청(將官廳) 뒤에 있다. 금상(今上 현종(顯宗)) 6년(1665)에 관찰사 민정중(閔鼎重)이 세워[31] 임진년(1592, 선조25)에 왜적을 토벌한 의사(義士) 유응수(柳應秀) 등을 향사하였다.

능묘 陵墓

정릉(定陵), **화릉**(和陵) 우리 환조 연무성환 대왕(桓祖淵武聖桓大王)과 의혜왕후(懿惠王后)의 능으로 한 영역(塋域)이다. 부 동쪽 10리에 있다. 정릉의 신도비(神道碑)가 있으니, 정총(鄭摠)이 그 비명(碑銘)을 지었다. ○ 참봉(參奉) 2인이 있다.

의릉(義陵) 우리 도조 공의성도 대왕(度祖恭毅聖度大王)의 능이다. 부 동쪽 14리에 있다. ○ 참봉 2인이 있다.

순릉(純陵) 우리 도조의 비인 경순왕후(敬順王后)의 능이다. 부 동쪽 33리에 있다. ○ 참봉 2인이 있다.

31 금상(今上)……세워 : 《대동지지(大東地志)》 〈함흥부 사원〉, 《연려실기술(燃藜室記述)》 별집 제4권 〈사전전고(祀典典故)〉에는 현종 7년(1666)에 세웠다고 되어 있다.

덕릉(德陵), 안릉(安陵) 우리 목조대왕(穆祖大王)과 공효왕후(恭孝王后)의 능으로 한 영역이다. 부 서북쪽 60리에 있다. 예전에는 경흥부(慶興府) 부성 남쪽에 있었는데, 태종 10년(1410)에 동시에 이곳으로 옮겼다. ○ 참봉 2인이 있다.

한경(韓卿) 묘 부 북쪽 10리에 있다.

사찰 寺刹

신흥사(新興寺), 정암사(正菴寺) 모두 운주산에 있다.

망해사(望海寺) 우두산에 있다.

중천사(中天寺), 돈수사(頓水寺) 모두 천불산에 있다.

은적사(隱跡寺), 수암사(水菴寺), 안심사(安心寺) 모두 기린산에 있다.

정수암(淨水菴) 오봉산에 있다.

성불사(成佛寺) 백운산에 있다. 세속에서는 백운사(白雲寺)라고도 칭한다.

금수굴(金水窟) 백운산에 있다. 석굴(石窟)에 금빛이 도는 물이 있으므로 이렇게 명명하였다.[32]

개심사(開心寺) 천불산에 있다. 그 옆에 청학대(青鶴臺), 백학대(白鶴臺) 등과 작은 암자가 있다.

32 석굴(石窟)에……명명하였다 : 《약천집(藥泉集)》〈함흥십경도기(咸興十景圖記)〉 금수굴(金水窟)에 "초제(招提)의 오른쪽으로 4, 5보쯤 되는 곳의 석굴 밑에 샘물이 있으니, 지름이 한 길 남짓한데 깊이는 몇 자에 지나지 않는다. 수면에 노란 꽃이 떠 있는데 얇기가 금박(金箔)과 같고 광채가 물 밑까지 통하고 바람을 따라 움직여 포개져 포말이 되어 항상 똑같은 빛이니, 이 굴을 금수(金水)라고 이름 지은 것은 이 때문이다." 하였다.

고적 古蹟

합란부(哈蘭府) 원나라에서 합란부를 설치하였는데 그 옛 치소(治所)가 지금의 부 남쪽 5리에 있다.《원지(元志)》에 "개원성(開元城)의 서남쪽이 영원현(寧遠縣)이고, 또 그 서남쪽이 남경(南京)이고, 또 그 남쪽이 합란부이고, 또 그 남쪽이 쌍성(雙城)으로 곧장 고려의 왕도(王都)에 다다른다." 하였으니, 이른바 합란이 바로 이곳이다. 쌍성은 바로 지금의 영흥부이다. 개원성은 바로 지금의 삼만위(三萬衛)로 요동도사성(遼東都司城) 북쪽 330리에 있으니, 바로 예전의 읍루, 물길(勿吉) 지역이다

선덕진(宣德鎭) 부 남쪽 45리에 있다. 성터가 남아 있다.《고려사(高麗史)》에 "윤관(尹瓘)이 여진(女眞)을 침벌할 때 우군병마사 김덕진(金德珍)이 4만 3800인을 거느리고 선덕진을 나갔다."라고 한 것이 이곳이다.

덕산고성(德山古城) 돌로 쌓았다. 둘레가 490자이다. 지금은 없어졌다.

백운산고성(白雲山古城) 부 서쪽 63리에 있다. 돌로 쌓았다. 둘레가 1만 4570자이다. 지금은 없어졌다.

초원고성(草原古城) 덕산동(德山洞)에 있다. 부와의 거리는 동북쪽으로 48리이다. 흙으로 쌓았다. 둘레가 1150자이다. 지금은 없어졌다.

퇴조고성(退潮古城) 부 동쪽 60리에 있다. 돌로 쌓았다. 둘레가 4917자이다. 지금은 없어졌다.

중봉고성(中峯古城) 부 서쪽 27리에 있다. 돌로 쌓았다. 둘레가 1039자이다. 지금은 없어졌다.

한당고성(閑堂古城) 부 서쪽 20리에 있다. 흙으로 쌓았다. 둘레가 6511자이다. 지금은 없어졌다.

오로촌고성(吾老村古城) 부 북쪽 35리에 있다. 돌로 쌓았다. 둘레가 1076자

이다. 지금은 없어졌다.

범박사(凡朴社) 세속에서 범박구미(凡朴仇未)라고 칭한다. 부 서북쪽 165리에 있다. 옛날 어떤 사람이 부세(賦稅)를 피하여 이 땅에 들어와 살았는데, 읍과 멀리 떨어져 있기 때문에 읍 사람들이 모르고 있었다. 뒤에 그를 따라 이사 오는 사람이 점점 많아져서 읍 사람들이 마침내 이를 알게 되어 조세를 납부하게 하였다. 지금은 따로 사창(社倉)을 설치하였다.

격구장(擊毬場) 부 동남쪽 16리에 있다. 긴 언덕이 우뚝 서 있고 동쪽으로 큰 바다에 닿아 있다. 그 위에 등성이를 따라 길이 나 있다. 태조가 어린 시절에 이곳에서 격구를 하였다. 그 동북쪽 1리에는 바닷가에 푸른 잔디가 펀펀하게 10여 리 펼쳐진 곳이 있으니, 송원(松原)이라 부르며, 여기 또한 태조가 놀던 곳이다. ○ 본조 한준겸(韓浚謙)의 시[33]에,

은은한 평대가 있는 곳	隱隱平臺
산 절벽의 귀퉁이라네	斷山之陬
오른쪽으로 긴 들 두르고	右帶長郊
왼쪽으로 푸른 물 굽어보네	左挹滄洲
예전 우리 성조께서	昔我聖祖
여기에서 격구를 하셨지	於焉擊毬
탕산의 구름과 사택의 검이	碭雲澤劍
신령한 상서를 감싸고 있네[34]	載擁神休

33 한준겸(韓浚謙)의 시 : 〈함산십곡(咸山十曲)〉 중 〈격구장 4장(擊毬場四章)〉이다. 《柳川遺稿》

34 탕산(碭山)의……있네 : 탕산은 한(漢)나라 고조(高祖) 유방(劉邦)이 숨어 있던 곳으로 지금의 안휘성(安徽省)에 있다. 진 시황(秦始皇)이 항상 "동남쪽에 천자의 기운이 있다."라

하였다. ○ 이호민(李好閔)의 시[35]에,

산은 마치 노는 용이 바다에 물 마시러 온 듯한데	山似遊龍飮海來
사람들은 성조께서 격구하고 돌아왔다 하네	人稱聖祖擊毬回
예전에 관광한 곳 지금 다시 이르니	昔年遊賞今重到
9월 파도 소리가 푸른 대를 흔드네	九月濤聲撼翠臺

하였다.

명환 名宦

고려

윤관(尹瓘), **오연총**(吳延寵) 예종(睿宗) 2년(1107)에 윤관이 평장사(平章事)로서 원수가 되고, 오연총이 지추밀원사(知樞密院事)로서 부원수가 되어 동여진(東女眞)을 공격하여 몰아내고, 국토를 개척하고 새로 6개 성(城)을 설치하였으니, 첫째는 진동군 함주대도독부(鎭東軍咸州大都督府)이고, 둘째는 안령군 영주(安嶺軍英州)이고, 셋째는 영해군 웅주(寧海軍雄州)이고, 넷째는 길주(吉州)이고, 다섯째는 복주(福州)이고, 여섯째는 공험

고 하였는데, 유방이 이는 자신을 가리키는 것이라고 하면서 망산(芒山)과 탕산 속으로 숨어 들어가 있었다고 한다. 사택(蛇澤)의 검은 유방이 적을 없앤 검을 말한다. 유방이 정장(亭長)으로 있을 당시 술에 취해 밤중에 사택을 지나가다가 큰 뱀이 앞길에 가로누워 있는 것을 보고 달려가서는 칼을 빼 들어 제거하였는데 나중에 알고 보니 적국의 왕자였다는 고사가 있다. 《史記 高祖本紀》 여기서는 태조가 함흥에서 한미한 시절을 보낸 것을 한 고조의 고사에 비유하고 왕업을 이룰 신령한 상서가 이곳에 있었다는 말이다.

35 이호민(李好閔)의 시 : 〈관북십절〉 중 〈격구장(擊毬場)〉이다. 《五峯集 卷1》

진(公嶮鎭)이다. 또 의주(宜州) 및 통태(通泰), 평융(平戎) 두 진에 성을 쌓고 모두 남쪽 지계의 백성들을 이주시켜 살게 하였다. 왕이 윤관을 평융공신(平戎功臣) 문하시중(門下侍中)에 제수하고, 오연총을 치원공신(致遠功臣) 상서 좌복야(尙書左僕射)에 제수하였다.

유택(柳澤) 예종 3년(1108)에 새로 북쪽 지역에 여러 성을 쌓고 상서(尙書) 유택을 함주 대도독부사(咸州大都督府使)로 삼았다.

본조

김종서(金宗瑞) 세종이 장차 북쪽 변방을 경리하려고 하여 김종서를 함길도 관찰사(咸吉道觀察使)로 삼았다. 임기가 끝나자 본도 도절제사(都節制使)로 옮겨 제수하고 전적으로 맡겨 담당하게 하였는데, 김종서가 마침내 조치하여 구획하기를 알맞게 하였으므로 북쪽 변방이 영원히 견고하게 되었다.

정갑손(鄭甲孫) 세종조에 함길도관찰사 겸 함흥부윤(咸吉道觀察使兼咸興府尹)이 되었는데, 정사를 한결같이 법식에 따라 행하였고 청렴하고 강직함은 견줄 자가 없었다.

김호지(金好智), **이종겸**(李宗謙), **함우치**(咸禹治) 모두 함길도관찰사 겸 함흥부윤이 되었다.

정광필(鄭光弼) 중종 7년(1512)에 우참찬(右參贊)을 거쳐 외직에 나가 함경도관찰사 겸 함흥부윤(咸鏡道觀察使兼咸興府尹)이 되었다. 당시 기황(飢荒)을 만나 굶어 죽은 사람들이 길에 즐비하였는데, 정광필이 다방면으로 무마하고 안정시키자 온 지방이 힘입어 온전하게 되었다. 상이 이듬해 글을 내려 표창하고 찬성으로서 그대로 관찰사를 겸하게 하였다가 얼마 안

되어 불러들여 우의정에 제수하였다.[36]

조언수(趙彦秀) 공헌왕조(恭憲王朝 명종)에 예조 참관을 거쳐 외직으로 나가 함경도관찰사 겸 함흥부윤이 되었다. 제일 먼저 효자, 절부(節婦) 및 행의(行義)가 있는 자들을 찾아 치계(馳啓)하여 포상하고 장려하였으며, 아랫사람들을 은혜와 신의로서 위무하여 그들의 마음을 기쁘게 하였다. 돌아가게 되자 아전과 백성들이 길을 막고 목 놓아 큰 소리로 울면서 슬퍼하였다.

이후백(李後白) 공헌왕조에 함경도관찰사 겸 부윤이 되었는데, 청렴 간명하게 정사를 행하고, 관리의 출척을 공명하게 하였으며, 힘써 학교를 흥기시켰다.

고응척(高應陟) 함흥부 교수(咸興府教授)가 되었다《대학》과《중용》으로 유생들을 가르치고 솔선하여 농사를 권면하였다.

장만(張晩) 소경왕(昭敬王 선조) 말에 함경도관찰사 겸 함흥부윤이 되었는데, 군민을 무휼하여 위엄과 은혜를 아울러 시행하였다.

한준겸(韓浚謙) 광해군(光海君) 초기에 함경도관찰사 겸 부윤이 되었다. 전후의 감사들이 토속(土俗)이 사납다는 이유로 대부분 형벌을 엄히 하여 위엄을 세웠는데, 한준겸은 그 형벌을 가볍게 하면서 풍속의 교화를 우선시하고, 나이 많은 이들을 예로 대우하고 남다른 행실을 기렸으며, 선비들을 가르치며 인도하기 위해 과정(課程)과 규식(規式)을 마련하였다.《가례(家

36 상이……제수하였다 : 정광필은 1512년 9월 함경도 관찰사가 되고, 이듬해인 1513년 2월에 구황(救荒)에 힘쓴 공로로 숭정대부(崇政大夫)에 올랐으며, 4월에 우찬성 겸 함경도관찰사에 제수되고 같은 해에 우의정에 제수되었다.《鄭文翼公遺稿 附錄 神道碑銘》

禮)》와 《소학(小學)》을 간행하여 관혼상제의 제도를 열읍에 나누어 주어 강독하기를 일과로 삼게 하고 향음주(鄕飮酒)와 향사(鄕射) 등의 예를 행하게 하였다. 또 사람들을 감동시킬 만한 민간 풍속의 가곡(歌曲)을 선정하여 모아 오륜(五倫)을 만들어 여항에 널리 유포하여 백성들이 부르게 하였다. 이에 선비들은 예법을 알고 백성들은 삶을 즐거워하는 마음을 지니게 되었다.

김세렴(金世濂) 함경도관찰사 겸 함흥부윤이 되었다. 한결같이 조금(條禁 법령)을 따르고 오리(汚吏)를 용납하지 않았다. 향약을 세우고 균역법을 행하였으며 선비들을 부의 학교에 모아 강학을 일과로 삼도록 권면하고, 군사를 연마하며 화포(火砲)를 가르쳤다. 북로에 기황이 들자 진심을 다해 진휼하였으므로 백성들이 힘입어 안정을 찾았다.

유우 流寓

김광수(金光晬) 본조에서 과거에 급제하여 관직이 대사헌에 이르렀다.

이장곤(李長坤) 창녕현(昌寧縣) 사람이다. 문무의 재주가 있었다. 본조 연산군 때에 홍문관 교리로서 진도(珍島)에 유배되었다. 왕이 항상 미워하였으므로 죽임을 당할까 두려워 달아나 함흥 땅에 이르러 수척(水尺) 무리 중에 숨어 살았다.[37] 그 무리는 이장곤이 일을 잘 못한다고 비웃었는데, 한

37 연산군……살았다 : 《기묘록보유(己卯錄補遺)》 권상 〈이장곤전(李長坤傳)〉에는 "거제(巨濟)로 유배되었는데, 연산군이 항상 공이 반란의 뜻이 있다고 의심하였고 공 또한 더 죄를 받을까 두려워하여 몸을 빼서 바다를 건너 함흥 땅에 이르렀다. 그런데 체포가 날로 급박해지자 어찌할 방도가 없어 수척 무리 중에 몸을 숨겼다." 하였다.

사람이 그 외모를 기이하게 여겨 형의 딸을 아내르 삼게 하였다. 항상 일을 할 때마다 반드시 게으른 사위라고 부르며 구박하였는데, 그 딸은 공의 일을 도와주면서 잘 섬겼다. 여러 해 지낸 뒤에 중종반정(中宗反正)을 듣고 깨진 초립을 빌려 쓰고 관부(官府)에 나아갔다. 관찰사 이하가 고꾸라질 듯이 달려 나와 울면서 맞이하니 부중 사람들이 모두 놀라고 궁벽한 시골 마을까지 이름을 모르는 이들이 없게 되었다. 조정에서 그가 살아 있다는 말을 듣고 교리로 복직시킨 다음 영을 내려 현재 있는 곳에서 호송하도록 하였다. 여러 관직을 거쳐 좌찬성에 이르렀다.

인물 人物

본조

유응수(柳應秀) 어려서부터 지개(志槪)가 있었고 걸출하다는 소문이 났다. 선조 때에 왜구가 멀리까지 침투하여 관북을 함락시키자 관찰사 유영립(柳永立)이 적에게 사로잡히고 신임 관찰사 윤탁연(尹卓然)은 별해보(別害堡)[38]에 숨어 나오지 않았다. 유응수가 향인(鄕人) 이유일(李惟一) 등과 의병을 일으켜 격동시키고 권려하니, 관찰사가 유응수를 토적 대장으로 삼았다. 이에 향병(鄕兵)을 모집하여 먼저 적과 밀당한 자를 베고 왜구와 여러 번 접전하여 승리하였다. 그 공으로 삼수 군수(三水郡守)가 되었

38 별해보(別害堡) : 함경도 삼수군(三水郡) 남쪽 430리에 있다.《新增東國輿地勝覽 卷49 咸鏡道 三水郡 關防》

다. 어사가 그 공적을 올리자 품계가 통정대부에 올랐다. 그로부터 5년 뒤에 별장(別將)으로서 왜적을 정벌하였는데, 영남에서 힘써 싸우다 전사하였다. 병조 판서에 추증되었다.

영흥대도호부 永興大都護府

동쪽으로 해안까지 50리이다. 남쪽으로 고원군(高原郡) 경계까지 14리이다. 서쪽으로 평안도 맹산현(孟山縣) 경계까지 225리, 같은 도 영원군(寧遠郡) 경계까지 210리이다. 북쪽으로 정평부(定平府) 경계까지 24리이다. 서울과의 거리는 752리이다.

한전 旱田

수전 水田

건치연혁 建置沿革

본래 고구려의 장령진(長嶺鎭)이다. 《삼국사(三國史)》〈지지(地志)〉를 살펴보건대 고구려 장령진은 신라 때 명주(溟州)에 예속시켰으나 신라의 이름은 없다. 비열(比列)과 정천(井泉)은 삭주(朔州)에 예속시켰고, 고주(高州)와 문주(文州) 또한 모두 고구려와 신라의 이름은 없으니 이것이 의심스럽다. 이는 장령진이 신라가 잠시 차지하였다가 바로 잃은 곳이고, 신라가 도적(圖籍)에 지명을 넣을 때에는 정천 이남으로 해서가 아니겠는가. 한편 함주(咸州) 이북은 또 모두 고구려 지역인데, 《삼국사》에서는 단지 신라의 도적을 근거로 삼아 〈여지(麗志 고구려 지지)〉를 만들었으므로 신라가 차지한 지역 이외에는 대부분 빠뜨리고 싣지 않았다. 지금 《당서(唐書)》 〈발해전(渤海傳)〉 및 요(遼)나라, 금(金)나라, 원(元)나라 사지(史志)를 살펴보니, 고구려가 이미 멸망한 뒤에 북쪽 지역이 모두 발해에 들어갔다가 이어서 여진(女眞)의 점령지가 되었으니, 지금 평안도와 그 사실이 매한가지이다. 그런데 평안도는 고려가 이미 그 땅을 회복하였고 본도는 우리 왕조에 와서야 비로소 두만강(豆滿江)까지 수복하였다. **고려 초에 화주(和州)로 삼았고 성종(成宗) 때 화주 안변도호부(和州安邊都護府)로 고쳤으며, 현종(顯宗) 9년(1018)에 강등하여 화주 방어사(和州防禦使)로 삼았다. 고종(高宗) 때 원나라에 함락되어 원나라가 쌍성총관부(雙城摠管府)를 설치하였다.** 화주가 원나라에 함락된 뒤에도 고려는 여전히 화주 방어사를 설치하고 등주(登州)에 임시로 귀속시켰다가 뒤에 또 통주(通州)에 임시로 귀속시켰다. **공민왕(恭愍王) 5년(1356)에 쌍성(雙城)을 쳐서 회복하고 화주목(和州牧)으로 삼았다. 화주는 원나라에 함락된 지 99년만에 비로소 회복하여 이윽고 승격시켜 화령부(和寧府)로 삼았다. 본조 태조(太祖) 2년(1393)에 고쳐 영흥부(永興府)로 삼았다.** 영흥진(永興鎭)이었는데 임금 외조부[39]의 고향이므로 승격시켜 부로 명하였다. **태종(太宗) 16년(1416)에 강등시켜 화주목으로 삼았고, 세종(世宗) 8년(1426)에 영흥대도호부로 고쳤다. 성종(成宗) 1년(1469)에 승격시켜 부로 삼았고, 연산군(燕山君) 4년(1498)에 다시 강등시켜 대도호부로 삼았다.** 성종 1년에 함흥(咸

39 임금 외조부 : 최한기(崔閑奇)이다.

興)에서 이곳으로 관찰사영을 옮기고 승격시켜 부로 삼았다가 이때에 이르러 다시 영을 함흥으로 옮겼다. 관장하는 면은 14개이다.

관원

부사(府使), 판관(判官), 교수(教授) 각 1인이다.

군명 郡名

장령(長嶺), 화주(和州), 쌍성(雙城), 화령(和寧) 별호는 역양(歷陽)이다.

형승 形勝

서쪽으로 첩첩의 산령(山嶺)을 지고, 동쪽으로 당망대해에 닿아 있다.

풍속 風俗

토속(土俗)이 성급하고 사납다.

산천 山川

성력산(聖歷山) 부 서쪽 2리에 있다. 진산(鎭山)이다.

검산(劍山) 부 서북쪽 100리에 있다. 그 서쪽은 바로 평안도 영원군 경계이다. 위에 못이 있는데 가뭄이 들었을 때 비를 빌면 응험이 있다.

마유령(馬踰嶺) 부 서북쪽 210리, 평안도 영원군 경계에 있다. 두 도의 통로로서 요해처이다. 함흥부(咸興府)의 설렬한령(薛列罕嶺)에서 남쪽으로 이어져 낭림산(狼林山)이 되고, 검산이 되고, 북령(北嶺)이 되고, 연이어 4, 5백 리 뻗어 나간다. 예전에는 개마대산(蓋馬大山)이라 칭하였다. 그 서쪽은 평안도 영원(寧遠)과 맹산(孟山)의 경계가 되고, 그 동쪽은 바로 함흥, 정평(定平), 영흥(永興) 지역이다. 《후한서(後漢書)》에 "동옥저(東沃沮)는 고구려 개마대산 동쪽에 있다."라고 한 것이 이곳이다. 영원군에 자세히 나온다.

애전령(艾田嶺) 부 서쪽 180리, 평안도 맹산현 경계에 있다. 예전 이름은 맹주현(孟州縣)이다.

장평령(長平嶺) 부 서쪽 225리, 맹산현 경계에 있다.

죽전령(竹田嶺) 부 서쪽 180리에 있다.

국태산(國泰山) 부 서쪽 15리에 있다. 위에 석정(石井)이 있는데, 가뭄이 들었을 때 비를 빌면 응험이 있다.

병풍산(屛風山) 부 서쪽 60리에 있다. 그 위가 넓고 평평하여 거주할 만하다. 그 가운데 못이 있는데, 세속에 전하기를 "사람이 만약 집을 짓고 살면 항상 비가 오는 재앙이 있다."라고 한다.

태박산(太博山) 부 서쪽 35리에 있다. 반석이 수십 리까지 자리 잡고 있다.

진수산(鎭戍山) 부 동쪽 45리에 있다. 석성(石城)의 옛터가 남아 있다.

오령(烏嶺) 부 서쪽 30리에 있다. 위에 석탑이 있는데, 세속에서 호종탑(胡宗塔)이라고 부른다.

광성령(光城嶺) 부 동쪽 30리에 있다. 매우 높고 험하다.

농암동(籠巖洞) 부 동쪽 50리에 있다.

산창동(山倉洞) 부 서쪽 70리에 있다.

바다〔海〕 부 동쪽 50리에 있다.

용흥강(龍興江) 부 동북쪽 2리에 있다. 그 원류는 넷인데, 하나는 비류수(沸流水)에서 나오고, 하나는 마유령에서 나오고, 하나는 애전현(艾田峴)에서 나오고, 하나는 양덕현(陽德縣) 경계인 거차령(居次嶺)에서 나온다. 부 서쪽 고암(庫巖)에 이르러 송어탄(松魚灘)과 합해지는데 이를 횡천(橫川)이라 칭하고, 용신당(龍神堂)을 지나 진정사(鎭靜寺) 서쪽 절벽 아래에 이르는데 이를 창경연(鶬鶊淵)이라 부르고, 부성(府城) 동북쪽을 지나는데 이를 횡강(橫江)이라고 칭하고, 또 남쪽으로 흘러 바다에 들어간다. 우리 공정왕조(恭定王朝 태종)에 하륜(河崙)이 사명을 받들고 이곳에 이르니, 도순문사(都巡問使) 강회백(姜淮伯)이 중류에 술자리를 마련하고 청하기를 "본부는 바로 도조(度祖)와 환조(桓祖)가 집을 지어 사시던 땅이고 태조께서 여기서 태어나셨습니다. 그런데 이 강에 아직 이름이 없으니 흠사가 아니겠습니까." 하였다. 하륜이 이에 이름을 지어 용흥이라고 하였다. ○ 본조 허적(許樀)의 시[40]에,

용흥강 강물 넘실넘실 흐르고　　龍興江水流泱泱
서풍 불어 물결 크게 이는데　　西風吹水洪波揚
서리가 밤에 내려 강 하늘이 고요하고　　白露夜零水天靜
양쪽 언덕의 갈대는 저녁 되어 짙푸르네　　兩岸蒹葭晚蒼蒼

하였다.

40 허적의 시 : 〈용흥강 위에서 서울로 돌아가는 곽정부와 홍잠보를 전송하며〔龍興江上送郭挺夫洪潛甫還京〕〉이다. 《水色集 卷2》

비류수(沸流水) 정변사(靜邊社)에 있다. 부와의 거리는 서쪽으로 50리이다. 그 수원은 물구멍의 지름이 5자 3치이고 깊어서 깊이를 헤아릴 수 없는데, 물이 솟아 나와 내가 되어 용흥강에 흘러 들어간다.

백마탄(白馬灘) 부 서쪽 35리에 있다. 바로 용흥강이다. 여울 안에 흰 돌이 있는데 형상이 백마와 같고, 돌이 잠기거나 드러나는 것으로 물의 깊이를 알 수 있다. 세속에서는 광탄(廣灘)이라고도 부른다.

웅도(熊島) 부 동남쪽 95리, 바다 안에 있다. 둘레가 15리이다.

저도(猪島) 부 동쪽 75리, 바다 안에 있다. 둘레가 □□리이다. 대나무가 있는데, 우리 세조(世祖) 때에 강원도에서 배에 죽근(竹根)을 싣고 와서 이 섬의 10리 길에 심은 것이다.

대저도(大猪島) 부 동쪽 60리에 있다.

모도(茅島) 부 동쪽 160리에 있다.

말응도(末應島) 일명 흑도(黑島)라고 한다. 부 동쪽 90리에 있으며 육지에 이어져 있다. 목장이 있다.

담천(潭泉) 부 동쪽 15리에 있다. 물이 약간 미지근하고 짠데, 이 물에서 목욕하고 병이 나은 자가 많다.

토산 土産

명주실〔絲〕, 삼〔麻〕, 철(鐵), 산창동(山倉洞)에서 난다. 납〔鉛〕, 부 동쪽 독지사(禿旨社)에서 난다. 오미자(五味子), 지치〔紫草〕, 안식향(安息香), 인삼(人蔘), 송이버섯〔松蕈〕, 복령(茯苓), 매〔鷹〕, 꿀〔蜂蜜〕, 황랍(黃蠟), 소금〔鹽〕, 미역〔藿〕, 숭어〔秀魚〕, 삼치〔麻魚〕, 연어(鰱魚), 은어(銀魚 도루

묵), 송어(松魚), 광어(廣魚), 황어(黃魚), 홍어(洪魚), 과어(瓜魚 빙어), 청어(靑魚), 비목어(比目魚), 고등어〔古刀魚〕, 방어(魴魚), 전복〔鰒〕, 굴〔石花〕, 게〔蟹〕, 조개〔蛤〕, 홍합(紅蛤), 해삼(海蔘), 은구어(銀口魚 은어), 여항어(餘項魚)

성곽 城郭

성력산성(聖歷山城) 돌로 쌓았다. 둘레가 2982자이다. 문이 있고, 성안에 우물 1개와 못 1개가 있으며, 군창(軍倉)이 있다.

산창동성(山倉洞城) 돌로 쌓았다. 둘레가 5058자이다. 군창이 있다.

학교 學校

향교(鄕校) 부 남쪽 1리에 있다.

서원(書院) -원문 4, 5자 결락-에 있다.

궁실 宮室

준원전(濬源殿) 부 동남쪽 13리, 흑석리(黑石里)에 있다. 바로 우리 환조의 옛집으로 태조가 출생한 곳이다. 세종 25년(1443)에 정인지(鄭麟趾)가 태조의 수용(睟容 영정(影幀))을 봉안(奉安)하였는데, 영정 뒤에,

청룡 백호가 좌우에 두르고 있는 가운데 青龍白虎左右邊
마치 산 호랑이가 바위에 버티고 앉은 듯하네 山虎石上如蹲踞

부귀영화 대대로 이어 온 공후 자손으로　公侯富貴榮華世
세상에 나와 전군을 통령하신 대장군이다　出世統領大將軍
우레같이 떨친 명예 천하에 두루 퍼지고　雷振名譽天下遍
사해에 막힘없어 거서를 통일하셨네[41]　四海無防車書通
석 자 되는 검으로 사직을 편케 하고　三尺劍頭安社稷
한 가닥 채찍으로 천하를 평정하셨네　一條鞭末定乾坤

라는 56자의 글귀가 있다. ○ 참봉(參奉) 2인이 있다. ○ 본조 이안눌(李安訥)의 시[42]에,

삼가 생각건대 강헌대왕 진영은　恭惟康獻大王眞
남면하여 옷을 드리우고 단정히 앉아 계신 모습이네[43]　南面垂衣儼北宸
기산 아래 봉황 우니 주나라 덕이 성대해지고　岐下鳳鳴周德盛
패현 가운데 용 일어나니 한나라 위의가 새로워졌네[44]　沛中龍起漢儀新

41 거서(車書)를 통일하셨네 : 《중용장구》 제28장에 "수레는 굴러가는 바퀴의 도수가 같고, 글은 쓰는 문자의 체세가 같다.〔車同軌書同文〕"라고 한 데서 나온 말로, 천하의 통일을 뜻하는 말로 쓰인다.

42 이안눌(李安訥)의 시 : 〈준원전 원일 제사 뒤에 참봉청 벽 위에 걸린 고 서평부원군 한유천이 만력 임자년 원일에 진전에 제사 지낸 뒤 지은 운을 쓰다.〔濬源殿元日祭後用參奉廳壁上故西平府院君韓柳川萬曆壬子元日祭眞殿韻〕〉이다. 《東岳集 卷19》

43 남면(南面)하여……모습이네 : 남면은 임금을 지칭하는 말이다. 남면하여 옷을 드리우고 앉아 계시다는 말은 《주역》 〈계사전 하(繫辭傳下)〉에 "황제와 요순은 옷을 드리운 채 가만히 앉아 있었으나 천하가 지극히 잘 다스려졌다.〔黃帝堯舜, 垂衣裳而天下治.〕"라고 한 데서 나온 말로 성왕(聖王)의 무위(無爲)의 다스림을 뜻한다.

44 기산(岐山)……새로워졌네 : 기산은 주(周)나라가 일어난 곳이다. 옛날의 훙노(匈奴)인 훈육(薰育)이 빈(邠) 땅을 쳐들어오자 고공단보(古公亶父)가 이를 피해 기산 아래로 도읍을 옮겼다. 패현(沛縣)은 패현의 풍읍(豐邑)이 한(漢)나라 고조(高祖)의 고향이었으므로 제왕(帝王)의 고향을 일컫는 말이 되었다. 풍패(豐沛)라고 많이 쓰인다. 여기서는 영흥을 기산과 패현에 비유하여 태조가 왕업을 일으킨 곳임을 말한 것이다.

느릅나무 자라는 옛 사당[45]은 여전히 엄숙한데　枌楡故社祠仍肅
일월의 청광[46]은 바라보매 홀연 가깝구나　日月淸光望忽親
신성이 탄생하실 땐 기이한 상서로움 많나니　神聖誕時多異瑞
지금까지도 역양[47] 사람들에게 전해지고 있다네　至今傳者歷陽人

하였다.

객관(客館)

동련당(東蓮堂) 객관 앞에 있다.

서련당(西蓮堂) 동련당 서쪽에 있다.

향사당(鄕射堂) 객관 서쪽에 있다.

망경루(望京樓) 객관 동쪽에 있다. ○ 본조 신숙주(申叔舟)의 시에,

쌍환[48]이 판자 위를 달리는 듯 세월을 자꾸만 재촉하니　雙丸走板促年華
세상에 뜬 인생이 정녕 끝이 있도다　世上浮生正有涯
한없는 나그네의 시름은 강 고을의 비요　無限旅懷江郡雨
남은 봄 구경은 오직 해당화일 뿐이네　唯餘春事海棠花
올라 보니 사방에 산과 구름이 어울려 있고　登臨面面山雲合

45 느릅나무……사당 : 한나라 고조가 자기 고향인 풍(豐)에다 느릅나무 두 그루를 심어 토지의 신으로 삼은 고사에서 유래하여, 왕조의 발상지 또는 제왕의 고향을 가리키는 말로 쓰인다. 여기서는 영흥이 태조의 고향임을 말한 것이다.

46 청광(淸光) : 임금의 용안을 말한다. 《한서(漢書)》〈원앙전(爰盎傳)〉에 "지금 집사의 신하는 모두 천하에서 선발되었는데 폐하의 청광을 제대로 볼 수 있는 자가 없습니다.〔今執事之臣皆天下之選已, 然莫能望陛下淸光.〕" 하였다.

47 역양(歷陽) : 태조의 탄생지인 영흥을 일컫는다. 역양은 당시는 화령부(和寧府)였고 이후 영흥도호부의 군명(郡名)이 되었다.

48 쌍환(雙丸) : 2개의 탄환을 말한다. 보통 해와 달을 비유할 때 쓰인다.

앉아서 보니 마을마다 보리이삭이 늘어졌구나　坐見村村麥穗斜
먼 곳을 바라보노라면 때론 시름도 함께 멀어지나니　望遠有時愁共遠
읊조리며 이리저리 배회하는 뜻이 그 어떠한가　沈吟徙倚意如何

하였다.

봉수 烽燧

말응도 봉수(末應島烽燧) 북쪽으로는 정평(定平)의 도안현(道安峴)에 응하고, 남쪽으로는 문천(文川)의 황석재(黃石岾)에 응한다.

우역 郵驛

화원역(和原驛) 부 동쪽 4리에 있다.

용흥원(龍興院) 용흥강 북쪽 언덕에 있다.

금피원(金彼院) 부 북쪽 20리, 정평부 경계에 있다.

사묘 祠廟

사직단(社稷壇) 부 서쪽에 있다.

문묘(文廟) 향교에 있다.

성황사(城隍祠) 성력산에 있다.

여단(厲壇) 부 북쪽에 있다.

비류수사(沸流水祠) 사전(祀典)에 소사(小祀)로 기록되어 있다. 봄가을에 향축(香祝)을 내려 제사 지낸다.

말응도사(末應島祠) 봄가을에 본읍에서 제사 지낸다.

능묘 陵墓

최한기(崔閑奇) 묘 부 남쪽 15리에 있다.

조양기(趙良祺) 묘 부 15리에 있다.

사찰 寺刹

안불사(安佛寺) 광성령 동쪽에 있다.

원명사(圓明寺) 검산에 있다.

진정사(鎭靜寺) 태박산에 있다.

보현사(普賢寺) 국태산에 있다.

고적 古蹟

평주진(平州鎭) 부 서북쪽 70리에 있다. 본래는 영흥진(永興鎭)으로 고려 문종(文宗) 15년(1061)에 처음 성보(城堡)를 쌓았다. 본조 태조 2년(1393)에 본부의 이름을 고쳐 영흥부라 하고 그대로 진(鎭)의 이름을 평주라 고쳤다. 성터가 아직 남아 있다.

정변진(靜邊鎭) 부 동쪽 60리에 있다. 석성의 옛터가 남아 있다. 고려 현종 22년(1031)에 처음 진을 설치하고, 정종(靖宗) 5년(1039)에 성을 쌓았다.

영인진(寧仁鎭) 부 동쪽 60리에 있다. 일명 청원(淸源)이라고 한다. 본조 태조 6년(1397)에 성을 쌓았다.

장평진(長平鎭) 부 동쪽 45리에 있다. 본래 장평진으로 옛날에는 고질달(古叱達)이라고 칭하였다. 고려 광종(光宗) 20년(969)에 처음 성을 쌓았고, 공민왕 6년(1357)에 고쳐 현(縣)으로 삼았다.

요덕진(耀德鎭) 부 서쪽 120리에 있다. 본래는 현덕진(顯德鎭)으로 고려 현종 14년(1023)에 성을 쌓았다. 공민왕이 고쳐 현으로 삼았다.

○ 이상은 현재 모두 폐하여 사(社)로 만들었다. 본도 사람들은 향리(鄕里)를 사라고 칭한다.

고철옹성(古鐵甕城) 부 서쪽 210리에 있다. 흙으로 쌓았다. 본래 평안도 맹산현 경계에 있던 것을 본부로 이속시켰다. 지금은 없어졌다.

명환 名宦

고려

지채문(智蔡文) 현종 때에 거란 군사가 침입하자 지채문을 보내 군병을 거느리고 화주에 진을 치고서 동북방을 방비하게 하였다.

김보당(金甫當) 의종(毅宗) 말에 동북면 병마사(東北面兵馬使)가 되었다. 정중부(鄭仲夫) 등이 왕을 거제현(巨濟縣)으로 추방하니, 이듬해에 김보당이 군사를 일으켜 정중부를 토벌하고 다시 의종을 세우고자 하여 녹사(錄事) 이경직(李敬直)·장순석(張純錫)·유인준(柳寅俊), 지병마사(知兵馬使) 한언고(韓彦固) 등과 모의하였다. 그리하여 장순석과 유인준을 보내

의종을 모시고 계림(鷄林)으로 나가 있게 하였는데, 정중부 일당의 계책에 걸려 뜻을 이루지 못하고 죽었다.

이공로(李公老) 명종조(明宗朝)에 과거에 급제하여 화주 판관(和州判官)에 선임되었다. 사재(私財)를 내어 백성들을 구제하고 법령을 준행하였으므로 정사의 고과에서 최상을 받아 징소(徵召)되어 사의서 승(司儀署丞)이 되었다.

본조

이의흡(李宜洽) 장헌왕조(莊憲王朝 세종)에 영흥 부사가 되었다. 정사의 고과에서 최상을 받아 우부승지에 특별히 제수되었다.

이함장(李諴長) 영흥 부사가 되었다.

이영구(李英耈) 영흥 판관이 되었다.

이계손(李繼孫) 양도왕조(襄悼王朝 예종)에 영안도관찰사 겸 부윤(永安道觀察使兼府尹)이 되었다. 처음에 북쪽 사람들이 학문을 알지 못하였는데, 이계손이 연소한 자제들을 모아 경사(經史)를 가르치고 학문을 권장하는 법을 세워 장려하니, 이로부터 사람들이 학문에 흥기되어 육진(六鎭)에도 공생(貢生) 된 자가 있었다.[49]

정난종(鄭蘭宗) 강정왕(康靖王 성종) 2년(1471)에 영안도관찰사 겸 부윤이 되었다. 4년을 재임하고 체직되어 돌아갔다가[50] 오래지 않아 또 본도 절도

49 공생(貢生) 된 자가 있었다 : 해마다 지방 장관이 수재(秀才)를 선발하여 중앙에 올려보내는데 이를 세공(歲貢)이라 하고 선발된 자를 공생 또는 공사(貢士)라 한다. 공생은 서울에 올라가 국학기관에 입학하여 과거 시험을 치르고 관직에 오르게 된다.

50 4년을……돌아갔다가 : 《성종실록》 4년 9월 30일 기사에 정난종을 가선대부(嘉善大夫)

사가 되었다.

허종(許琮) 강정왕 때에 북방에 와언(訛言)이 있었는데, 허종이 부원군으로서 영안도 관찰사로 와서 진정시켰다. 북로(北虜) 이마거(尼麻車)가 변경을 침범하여 장리(將吏)를 죽였다. 허종이 임기가 만료되자 잉임하도록 명하면서 이르기를 "경에게 동북을 위임하니, 10년을 기약하고 반초(班超)와 양호(羊祜)처럼 하라."[51] 하였다. 복명(復命)하러 역마를 타고 입조하여 임금을 뵈니, 임금이 묻기를 "군사를 쓰는 것은 얼마쯤이면 되겠는가?" 하니, 허종이 답하기를 "정예병 2만이면 족합니다." 하자, 임금이 정벌하기로 방책을 결정하고 검을 하사하여 보냈다. 허종이 군사를 출동시켜 이마거의 거처로 들어가 멀리 축출하고 반사(班師 회군)하였다. 처음에 온 조정이 정벌할 수 없다고 쟁변하였는데 허종이 정색하며 말하기를 "왕의 군대는 정토(征討)는 해도 전쟁은 없으니, 잠시 노고하면 영원히 편안할 것이다. 그리고 만약 '공을 세우기 위하여 일을 만든다.'라고 한다면 함께 대계(大計)를 말하기 어렵다. 후일 늙은이가 잘못 추산한 것이 아님을 알게 될 것이다." 하였다. 이로부터 건주 삼위(建州三衛)[52]는 소문만 듣고도 두려워

동래군(東萊君)으로 삼았다는 내용이 나온다. 4년을 재임하였다는 것은 오기가 있는 듯하나, 근거가 불충분하여 그대로 번역하였다.

51 경에게……하라 : 허종의 행장에는 "경에게 동북방을 위임하니. 먼저 정한 규모를 세우고, 변방을 다스리는 훌륭한 꾀를 다하여 10년을 기약하고 반초와 양호가 변성에서 늙듯이 하라.〔委卿東北, 建先定之規模, 盡治邊之良策, 期以十年, 如班超羊祜之老於邊戍.〕"라고 되어 있다.《續東文選 卷19 忠貞公行狀》 반초는 후한(後漢) 때, 양호는 진(晉)나라 때 변방을 지킨 명장이다.

52 건주 삼위(建州三衛) : 명(明)나라 때에 만주(滿洲) 남쪽의 여진족을 다스리기 위하여 설치한 건주위(建州衛), 건주좌위(建州左衛), 건주우위(建州右衛)를 말한다.

하였으니, 변방 백성들이 편안히 살게 되었다. 허종은 북방에서 4년을 재임하고 징소되어 우의정에 제수되었다.

김효원(金孝元) 소경왕조(昭敬王朝 선조)에 영흥 부사가 되었는데, 요역을 가볍게 하고 백성을 사랑하는 등 선정(善政)을 많이 행하였다.

유우 流寓

전영수(田永需) 고려 말에 관직이 지주사(知州事)에 이르렀는데, 일찍 벼슬을 사퇴하고 물러나 부 지역에 살았다. 둔촌(遁村) 이집(李集)이 일찍이 그를 찾아왔다가 만나지 못하고, 시(詩)를 지어 말하기를 "동년인 전 지주를 수십 년 동안 만나지 못했네.〔同年田知州 不見數十年〕" 하고 또 말하기를 "도연명이 일찍 돌아갔으니, 응당 초은편[53]이 있으리라.〔淵明早歸去 應有招隱篇〕 이웃에 집 짓고 살기로 평소 언약하였으니 늙거든 서로 의지하세나.〔卜隣素有約 歲晩相攀緣〕" 하였다.[54]

53 초은편(招隱篇) : 한(漢)나라의 회남왕(淮南王) 유안(劉安)이 지은 시편(詩篇)인 〈초은사(招隱士)〉를 말한다. 이 시는 관직에서 물러나 산림에 은거해 지내면서 자신의 몸을 깨끗이 하는 것을 노래하였다.

54 둔촌(遁村)……하였다 : 〈영흥의 전 동년을 찾아갔으나 만나지 못하다〔尋永興田同年不遇〕〉이다. 《遁村雜詠》

인물 人物

고려

최한기(崔閑奇) 의혜왕후(懿惠王后)의 생부이다. 의혜왕후는 환조의 배필이 되어 우리 태조 강헌대왕(太祖康獻大王)을 낳았다. 원나라에서 천호(千戶)를 제수하였고, 본조에서 판문하부사 영흥백(判門下府使永興伯)을 증직(贈職)하였으며, 시호는 정효(靖孝)이다.

본조

김원계(金原桂) 태조조에 이성 만호(泥城萬戶)가 되었다. 이때 왜적이 선주(宣州)에 쳐들어왔는데, 김원계가 군병을 인솔하고 구원하러 가서 힘써 싸워 적의 포위를 풀었다. 마침내 승세를 타고 추격하여 적진에 돌입하였으나, 적에게 살해되었다.

정평도호부定平都護府

동쪽으로 해안까지 30리이다. 남쪽으로 영흥부(永興府) 경계까지 45리이다. 서쪽으로 평안도 영원군(寧遠郡) 경계까지 125리이다. 북쪽으로 함흥부(咸興府) 경계까지 20리이다. 서울과의 거리는 821리이다.

한전旱田

수전水田

건치연혁建置沿革

본래 고구려 지역이다. 뒤에 발해에 함락되고, 이어서 여진(女眞)의 점령지가 되었다. 고려 때[55] 천정만호부(千丁萬戶府)를 두었다. 정종(靖宗) 때 성을 쌓고 관문을 설치하고는 고쳐 정주(定州)로 삼았다. 고종(高宗) 때에 원(元)나라에 함락되었다. 공민왕(恭愍王) 5년(1356)에 그 땅을 수복하고 다시 정주도호부(定州都護府)로 삼았다. 본조에서 그대로 따르

55 고려 때 : 성종(成宗) 2년(983)이다.《新增東國輿地勝覽 卷48 定平都護府 建置沿革》

다가 태종(太宗) 13년(1413)에 평안도 정주(定州)와 이름이 같다는 이유로 정평(定平)으로 고쳤다. 관장하는 면은 9개이다.

관원

부사(府使), 교수(教授) 각 1인이다.

군명 郡名

천정(千丁), 정주(定州)

산천 山川

비백산(鼻白山) 부 북쪽 4리에 있다. 진산(鎭山)이다.

백운산(白雲山) 부 북쪽 35리에 있다. 함흥부에도 보인다.

도성산(到城山) 부 서쪽 10리에 있다.

검산(劍山) 장곡현(長谷縣)에 있다. 부와의 거리는 서쪽으로 100리이다. 영흥부에도 보인다.

도안산(道安山) 부 남쪽 50리에 있다.

당산(堂山) 부 남쪽 45리에 있다.

원정현(元定峴) 부 남쪽 32리에 있다.

성산(城山) 예원현(預原縣)에 있다. 부와의 거리는 남쪽으로 33리이다.

가막동(加莫洞) 부 서쪽 110리에 있고, 평안도 영원군 경계이다.

바다〔海〕 부 동쪽 30리에 있다.

생천(牲川) 원류는 가막동에서 나와 동쪽으로 흘러 장계(長溪)가 되고 부 남쪽 50리에 이르는데, 금이강(金伊江)이라고도 칭한다. 또 남쪽으로 30여 리 흘러 감상진(甘祥津)이 되고 도안포(道安浦)로 들어간다.

도안포(道安浦) 부 남쪽 50리에 있다. 바로 바다 포구이다.

도련포(都連浦) 부 -원문 2, 3자 결락-리에 있고, 함흥부 경계이다. 장성(長城)이 의주(義州) 압록강(鴨綠江) 어귀에서 시작하여 그 후미가 이곳에 닿아 있다.

토산 土產

명주실〔絲〕, 삼〔麻〕, 지치〔紫草〕, 인삼(人蔘), 복령(茯苓), 오미자(五味子), 잣〔海松子〕, 안식향(安息香), 매〔鷹〕, 꿀〔蜂蜜〕, 황랍(黃蠟), 사향(麝香), 청서(靑鼠), 담비〔貂〕, 소금〔鹽〕, 미역〔藿〕, 은어(銀魚 도루묵), 숭어〔秀魚〕, 은구어(銀口魚 은어), 송어(松魚), 연어(鰱魚), 고등어〔古刀魚〕, 황어(黃魚), 청어(靑魚), 뱅어〔白魚〕, 과어(瓜魚 빙어), 삼치〔麻魚〕, 전어(錢魚), 방어(魴魚), 전복〔鰒〕, 조개〔蛤〕, 홍합(紅蛤), 게〔蟹〕, 수유(酥油), 비목어(比目魚)

성곽 城郭

부성(府城) 돌로 쌓았다. 둘레는 5928자이다. 문이 있고, 성안에 우물 10개와 못 3개가 있다. 땅 북쪽은 옛 장성(長城)에 기대고 있다.

학교 學校

향교(鄕校) 부 서쪽 1리에 있다.

궁실 宮室

객관(客館) 정몽주(鄭夢周)의 시[56]에,

정주에서 중구절에 높은 곳에 오르니	定州重九登高處
국화꽃 예와 같이 눈에 환히 비치누나	依舊黃花照眼明
개펄은 남으로 선덕진에 연하였고	浦漵南連宣德鎭
산등성이는 북으로 여진의 성에 기대었네	峯巒北倚女眞城
백 년 사이 전란 치른 나라의 흥망사에	百年戰國興亡事
만 리 밖의 나그네는 강개한 정 끓는고야	萬里征夫慷慨情
술상 파하고 원융이 말에 올라타니	酒罷元戎扶上馬
얕은 산 비낀 해가 붉은 깃발에 비치누나	淺山斜日照紅旌

하였다.

봉수 烽燧

비백산 봉수(鼻白山烽燧) 북쪽으로 함흥부의 성관산(城串山)에 응하고, 남쪽으로 도안현(道安峴)에 응한다.

56 정몽주(鄭夢周)의 시 : 〈9월 9일에 정주에서 한상이 지으라기에〔定州重九韓相命賦〕〉이다.《圃隱集 卷2》

도안현 봉수(道安峴烽燧) 부 남쪽 50리에 있다. 북쪽으로 비백산에 응하고, 남쪽으로 영흥(永興)의 말응도(末應島)에 응한다.

우역 郵驛

봉대역(蓬臺驛) 부 북쪽 5리에 있다.

주천역(酒泉驛) 예원폐군(預原廢郡)에 있다. 부와의 거리는 50리이다.

초원역(草原驛) 부 남쪽 35리에 있다.

습현원(濕峴院) 부 서쪽 31리에 있다.

남산원(南山院) 부 남쪽 5리에 있다.

생천원(牲川院) 부 남쪽 43리에 있다.

관량 關梁

원흥관(元興關) 부 남쪽 50리에 있다. 고려 때 도련포를 경계로 삼아 장성을 쌓고, 원흥(元興) 및 정주(定州)와 선덕(宣德)에 서 관문을 설치하고 진을 설치하여 여진을 방어하였다. 지금 유지(遺址)가 있다.

사묘 祠廟

사직단(社稷壇) 부 서쪽에 있다.

문묘(文廟) 향교에 있다.

비백산사(鼻白山祠) 사전(祀典)에 북악(北嶽)이라 하여 중사(中祀)로 기록되어 있다. 매년 봄가을에 향축(香祝)을 내려 제사 지낸다.

성황사(城隍祠) 비백산에 있다.

여단(厲壇) 부 북쪽에 있다.

사찰 寺刹

관음사(觀音寺) 도성산에 있다.

정림사(正林寺) 도안산에 있다.

환희사(歡喜寺) 백운산에 있다.

효순사(孝順寺) 중봉산(中峯山)에 있다.

비사문사(毗沙門寺) 성산에 있다.

쌍계사(雙溪寺) 부 서북쪽 40리, 백운산 서쪽에 있다.

고적 古蹟

예원폐군(預原廢郡) 부 남쪽 45리에 있다. 고려 초에 예주(預州)로 삼았다. 예종(睿宗) 때 성을 쌓고 방어사(防禦使)를 두었는데, 뒤에 강등시켜 정주의 영현(領縣)으로 삼았다. 본조 태조 7년(1398)에 원흥진(元興鎭)과 병합하여 예원군(預原郡)으로 삼았다가 세조(世祖) 4년(1458)에 편입시켰다. 지금 독산사(禿山社)라고 칭한다.

장곡폐현(長谷廢縣) 부 서남쪽 55리에 있다. 고려 초에 장주(長州)로 삼았다. 현종(顯宗) 때 성을 쌓고 방어사를 두었는데, 뒤에 강등시켜 정주의 영현으로 삼았다가 본조 세종(世宗) 4년(1422)에 편입시켰다. 지금 장곡사

(長谷社)라고 칭한다. 석성(石城)이 있었고 둘레가 2200자인데, 모두 허물어졌다.

원흥폐진(元興廢鎭) 부 남쪽 50리에 있다. 고려 정종(靖宗) 때에 생천(牲川)에 성을 쌓고 원흥진을 설치하여 진사(鎭使)를 두었으며, 뒤에 정주에 예속시켰다. 본조 태조 때에 진을 예원군에 편입시켰다. 지금은 직촌(直村)이 되었다. 토성(土城)이 있었고 둘레가 4417자인데 모두 허물어졌다.

고려장성(高麗長城) 고려 덕종(德宗) 때 유소(柳韶)가 쌓았다. 의주 압록강 어귀에서 시작하여 연이어 큰 산령을 넘어 동쪽으로 정주의 도련포 바닷가까지 연접해 있으니, 이로써 여진을 방어하였다. 부 경계에 있는 것은 길게 세 겹으로 그 해자를 둘렀다. 예전에 삼관문(三關門)이라고 칭하였다.[57]

수시리성(隨時里城) 부 남쪽 40리에 있다. 흙으로 쌓았다. 둘레가 1190자이다. 지금은 없어졌다. 동쪽으로 예원폐군과의 거리가 5리이다.

금이강성(金伊江城) 부 남쪽 50리에 있다. 돌로 쌓았다. 둘레가 718자이다. 지금은 없어졌다.

봉대성(蓬臺城) 부 북쪽 6리에 있다. 돌로 쌓았다. 둘레가 2260자이다. 지금은 없어졌다. 전하는 말에 옛 읍성〔古邑城〕이라 불렀다고 한다.

세류성(細柳城) 부 남쪽 20리에 있다. 흙으로 쌓았다. 둘레가 4220자이다. 지금은 없어졌다.

여위성(汝委城) 부 서쪽 40리에 있다. 돌로 쌓았다. 둘레가 282자이다. 지금

57 예전에 삼관문(三關門)이라고 칭하였다 : 장성을 쌓을 때 정주(定州), 선덕(宣德), 원흥(元興) 세 곳에 관문을 설치하였고 이를 삼관문이라고 칭하였다. 《硏經齋全集續集冊十六 東國地理辨》

은 없어졌다.

도안포폐진(道安浦廢鎭) 부 남쪽 52리에 있다. 본조 초에 진을 설치하고 수군만호(水軍萬戶)를 두었으며, 중종(中宗) 4년(1509)에 폐하였다.

장곡역(長谷驛) 옛터가 장곡폐현에 있다.

고원군高原郡

동쪽으로 영흥부(永興府) 경계까지 15리이다. 북쪽으로 같은 부 경계까지 20리이다. 남쪽으로 문천군(文川郡) 경계까지 15리이다. 서쪽으로 평안도 양덕현(陽德縣) 경계까지 110리이다. 서울과의 거리는 716리이다.

한전 旱田

수전 水田

건치연혁 建置沿革

본래 고구려 지역이다. 고려 초에 덕녕진(德寧鎭)으로 삼았고, 성종(成宗) 때에 고주(高州)로 고치고, 현종(顯宗) 때에 봉화산(鳳化山) 남쪽에 성을 쌓아 주의 치소(治所)를 옮겼다. 본조 태종(太宗) 13년(1413)에 고원군으로 고쳤다. 관장하는 면은 6개이다.

관원

군수(郡守), 훈도(訓導) 각 1인이다.

군명 郡名

덕녕(德寧), 고주(高州)

산천 山川

가산(椵山) 군 북쪽 10리에 있다. 진산(鎭山)이다.

웅망산(熊望山) 군 북쪽 13리에 있다.

구룡산(九龍山) 군 서쪽 70리에 있다.

굴성산(屈城山) 군 북쪽 15리에 있다.

벌라산(伐羅山) 군 서쪽 10리에 있다.

학산(鶴山) 군 서쪽 40리에 있다.

관여령(串餘嶺) 군 서쪽 110리에 있고, 평안도 양덕현 경계이다.

죽전령(竹田嶺) 군 서쪽 90리에 있다.

덕지탄(德之灘) 군 북쪽 7리에 있다. 그 원류는 둘인데, 하나는 관여령에서 나오고, 또 하나는 영흥부 죽전령에서 나와 조장탄(照章灘)과 합류하여 군의 치소 남쪽을 지나 덕지탄이 되고 동남쪽으로 흘러 바다에 들어간다. 어량(魚梁)의 이익이 한 도에서 으뜸이다.

신당연(神堂淵) 군 북쪽 10리에 있다.

전탄천(箭灘川) 군 남쪽 15리에 있다. 문천군에도 보인다.

발산제지(鉢山堤池) 군 동쪽 5리에 있다.

토산 土産

명주실〔絲〕, 삼〔麻〕, 인삼(人蔘), 오미자(五味子), 지치〔紫草〕, 사향(麝香), 숫돌〔礪石〕, 군 서쪽 원기이(院岐伊)에서 난다. 등석(燈石), 벌라산 백석굴(白石窟)에서 난다. 채석연(彩石硯), 연어(鰱魚), 송어(松魚), 과어(瓜魚 빙어), 황어(黃魚)

성곽 城郭

학교 學校

향교(鄕校) 예전에는 군 동쪽 2리에 있었는데, 가정(嘉靖) 연간에 군 서쪽 1리로 옮겼다.

궁실 宮室

객관(客館)

봉수 烽燧

웅망산 봉수(熊望山烽燧) 동쪽으로 영흥부의 진수산(鎭戍山)에 응하고, 남쪽으로 문천군의 천불산(天佛山)에 응한다.

우역 郵驛

통달역(通達驛) 군 서쪽 5리에 있다.

거방역(巨防驛) 애수진(隘守鎭)에 있다. 지금은 없어졌다.

요광원(要光院) 군 서쪽 40리에 있다.

전탄원(箭灘院) 전탄(箭灘) 언덕에 있다.

관량 關梁

애수관(隘守關) 군 서쪽 70리에 있다. 본도에서 관서(關西)로 통하는 요해지이다. 고려에서 관을 설치하고 진(鎭)을 두어 여진(女眞)을 방어하였다. 지금 유지(遺址)가 있다.

사묘 祠廟

사직단(社稷壇) 군 북쪽 2리에 있다.

문묘(文廟) 향교에 있다.

성황사(城隍祠) 군 서쪽 3리에 있다.

여단(厲壇) 군 북쪽 2리에 있다.

사찰 寺刹

서운사(棲雲寺) 웅망산에 있다.

학산사(鶴山寺) 도성산(道成山)에 있다.

대승사(大乘寺) 구룡산에 있다.

고적 古蹟

애수진(隘守鎭) 군 서쪽 70리에 있다. 돌로 쌓았다. 둘레가 1568자이다. 예전에는 이병(梨柄)이라고 칭하였다. 고려 성종 2년(983)에 쌓은 것이다. 본래 문주(文州)에 예속되어 있었는데, 공민왕(恭愍王) 9년(1360)에 옮겨 편입시켰다. 지금은 없어졌다.

고원고군(高原古郡) 지금 치소 북쪽 15리에 있다. 본조 강정왕(康靖王 성종) 22년(1491)에 본군이 영흥(永興)과 거리가 매우 가까운 데다 또 화재를 당하고 사람들이 역병에 많이 걸렸기 때문에 발산사(鉢山社)로 치소를 옮겼다.

명환 名宦

본조

이적(李績) 김굉필(金宏弼)의 문인(門人)이다. 공희왕(恭僖王 중종) 초에 고원 군수(高原郡守)가 되었는데, 정사를 청렴하고 간명하게 행하였으며 백성을 사랑하고 학문을 흥기시켰다.

안변대도호부安邊大都護府

동쪽으로 강원도 흡곡현(歙谷縣) 경계까지 95리이다. 남쪽으로 같은 도 이천현(伊川縣) 경계까지 88리, 같은 도 회양부(淮陽府) 경계까지 85리이다. 서쪽으로 임내(任內)인 영풍현(永豐縣) 경계까지 90리, 강원도 평강현(平康縣) 경계까지 105리이다. 북쪽으로 덕원부(德源府) 경계까지 25리이다. 서울과의 거리는 584리이다.

한전 旱田

수전 水田

건치연혁 建置沿革

본래 고구려 비열홀군(比列忽郡)이다. 일명 천성(淺城)이라고 한다. 신라 진흥왕(眞興王) 때에 비열주(比列州)로 삼았고, 경덕왕(景德王) 때에 삭정군(朔庭郡)으로 고쳤다. 고려 초에 고쳐 등주(登州)로 삼았고, 현종(顯宗) 9년(1018)에 안변도호부(安邊都護府)로 고쳤다. 고종(高宗) 때에 몽고 군사가 침략하자 땅을 버리고 임시로 양주(襄州)에 살다가 충렬왕(忠烈王) 24년(1298)에 이르러 본성으로 돌아갔다. 화주(和州) 이남 지역의 여러 성이 모두 같다. 본조에서 그대로 안변도호부로 삼았고, 세조(世祖) 때에 진(鎭)을 설치하였다. 성종(成宗) 2년(1471)에 승격시켜 대도호부(大都護府)로 삼았다. 관장하는 면은 13개이다.

진관

도호부(都護府) 1개 덕원(德源)

군(郡) 1개 문천(文川)

관원

부사(府使), 교수(教授) 각 1인이다.

군명 郡名

비열(比列), 삭정(朔庭), 등주(登州) 별호는 삭방(朔方)이다.

형승 形勝

거대한 산령이 남쪽으로 돌고, 큰 바다가 동쪽에 닿아 있다.

영북(嶺北)의 중요한 길목이다.

풍속 風俗

사람들의 성품이 질박하고 곧으며 강건하다.

산천 山川

학성산(鶴城山) 부 동쪽 5리에 있다. 진산(鎭山)이다. 산 형상이 학(鶴) 모양과 흡사하기 때문에 이렇게 이름하였다.

검봉산(劍峯山) 부 서남쪽 35리에 있다. 본명은 설봉산(雪峯山)인데, 산 위에 3개의 석봉(石峯)이 우뚝 서 있기 때문에 세속에서 검봉이라 칭한다.

오압산(烏鴨山) 일명 황룡산(黃龍山)이라고 한다. 부 동쪽 60리에 있다. 매우 높고 가파르며 남쪽으로 철령(鐵嶺)과 이어져 있다. 산마루에 못이 있는데 가뭄이 들면 비를 빈다. 골짜기 안에 또 구연(九淵)[58]이 있다.

백운산(白雲山) 부 동쪽 10리에 있다.

풍류산(風流山) 익곡현(翼谷縣)에 있다. 부와의 거리는 남쪽으로 90리이다. 그 위에 못이 있다. 세상에서 전하기를 공중에서 때로 음악 소리가 났기 때문에 이렇게 이름하였다고 한다.

철령(鐵嶺) 부 남쪽 83리에 있다. 고려 때에 관문(關門)을 설치하고 철관(鐵關)이라 불렀다. ○ 고려 정도전(鄭道傳)의 시[59]에,

철령이라 산은 높아 칼끝과 같고	鐵嶺山高似劍鋩
동쪽 바다 바라보니 정히 아득해	海天東望正茫茫

58 구연(九淵) : 아주 깊은 못을 말한다. 용이 살고 있는 못이라는 뜻으로도 쓰인다.

59 정도전(鄭道傳)의 시 : 〈철령(鐵嶺)〉이다. 《三峯集 卷2》

가을바람은 유독 양쪽 귀밑에 불어오는데　　秋風特地吹雙鬢
말을 몰아 오늘 아침 북녘 변방에 왔노라　　驅馬今朝到朔方

하였다.

법호현(法乎峴) 부 동쪽 20리에 있다.

노리현(老里峴) 부 서쪽 55리에 있다. 현 위에 장성(長城)을 쌓고 연대(煙臺)를 두어 관방(關防)을 하던 곳이다. 이곳을 통해 황해도까지 이른다.

분수령(分水嶺) -원문 4, 5자 결락-에 있다.

바다〔海〕 부 동쪽 30리에 있다. 또 부 북쪽 20리에 있다.

심천(深川) 남대천(南大川)이라고도 한다. 원류는 강원도 평강현 분수령에서 나와 북쪽으로 흘러 익곡현을 지나고, 또 동북쪽으로 흘러 부평(富坪)을 지나 서쪽으로 부 서남쪽 5리에 이르러 관도(官渡)가 되고, 완만히 흐르다가 물이 고여 회수(匯水)를 이룬다. 동쪽 언덕이 불쑥 솟아 거북이 형상과 같은데 세속에서 용당(龍堂)이라고 이르고, 그 앞에 흰 모래사장이 평평하게 펼쳐져 있어 경치가 있다. 동북쪽으로 흘러 바다에 들어간다.

온천(溫泉) 부 서남쪽 157리에 있다.

국도(國島) 부 동쪽 60리에 있다. ○ 고려 이곡(李穀)의 기문(記文)에 "섬이 해안에서 10리쯤 떨어져 있다. 서남쪽 모퉁이로부터 들어가니 물가에 흰 모래가 누인 비단 같고 그 아래에 평지가 5, 6묘(畝)가량 되는데, 그 모양이 마치 구슬의 반쪽 같다. 가운데에 집터가 있는데 사람들의 말에 의하면 중이 살던 곳이라 한다. 그 위에 산이 고리같이 둘러 있는데 산세가 그다지 높지 않고 덩굴진 풀들이 덮여 있으며, 또 수목도 없어서 보기에는 흙으로 쌓아 올린 둑과 같다. 배를 타고 조금 서쪽으로 가면 높고 낮은 언덕들이 그 모습을 조금씩 달리하고 있다. 높은 언덕의 돌들은 모두 곧고 바른 벽처럼 즐비하게 서 있고, 낮은 언덕의 돌들은 모두 평평하고 둥글게 배열되어 한쪽 면에 한 사람이 앉을 만하나 가지런히 정돈되어 있지는 않았다. 수백 보를 더 가면 그 언덕의 높이가 수백 자가량 되고, 그 돌은 백색에 곧고 바르며 길이가 한결같았다. 그리고 한 개마다 그 꼭대기에 각자 하나의 작은 돌을 이고 있어서 마치 화표주(華表柱)[60]의 머리같이 되어 있어 얼굴을 들고 처음 봤을 때 몹시 놀라고 겁이 났다. 한 개의 조그마한 굴이 있어 배를 저어 들어가니 점점 좁아져서 배를 들일 수 없게 되었는데, 그 굴속을 바라보니 깊이를 헤아릴 수가 없었다. 그 좌우에 묶어서 세운 것 같은 바윗돌들은 외면(外面)의 것과 같았으나 한결 가지런하게 있으며, 그 위에 있는 바위가 아래로 드리워진 것도 모두 평정(平正)한 것이 마치 바둑판을 엎어 놓은 듯하고 하나하나 톱질하여 잘라 낸 것 같았다. 이렇게 본다면 외면만 그러할 뿐이 아니라 하나의 섬 전체가 그야말로 한 묶음의 네모진 바윗덩어리로 되어 있음을 알 수 있었다. 그 굴속의 날카로운 바윗돌이 사람으로 하여금 공포를 느끼게 하여 오래 머무를 수가 없었다. 배를 돌려 북쪽으로 가니 이번에는 한 면이 병풍을 두른 것 같은 곳이 있기에 배를 놔두고 내려가서 배회하다가 더위잡고 기어올랐다. 대개 그 바위는 굴속과 다름이 없었지만 절벽이 그다지 높지 않았고 그 아래는 조금 평이하였으며 둥근 바위가 배열된 곳에는 1000명도 앉을 만하였으므로 유람 온 사람들은 필시 이곳에서 휴식을 취할 것이다. 절벽을 따라 동남쪽으로

60 화표주(華表柱) : 옛날에 궁전이나 성문, 무덤 앞에 장식용으로 세우던 거대한 돌기둥을 말하는데, 여기서는 정영위(丁令威)의 고사와 관련되어 요동에 있었다는 길거리의 표목(表木)을 지칭하는 듯하다. 요동 사람 정영위가 선도(仙道)를 배워 터득한 뒤 천 년 만에 학으로 변해 고향 땅에 돌아와서 화표주에 앉아 있다가 탄식하며 날아갔다는 고사가 있다.

또 수백 보를 가니 절벽의 돌이 조금 특이하여 네모진 철망(鐵網)의 모양을 하고는 바닷물을 담아서 조그맣고 둥근 자갈을 갈아 내고 있었는데, 길이는 5, 6십 자쯤 되었다. 돌기둥 하나하나가 똑같은 형태로 한 면이 다 그러하니, 사람들이 이를 일컬어 철망석(鐵網石)이라고 하였다. 이것이 국도의 대개이다. 이처럼 절묘하고 괴이한 형상은 필설로 유사하게 표현할 수 있는 바가 아니니, 참으로 조화라는 것이 어떻게 이처럼 극치에 이르게 되었는지 알 수 없는 일이다."라고 하였다. ○ 고려 안축(安軸)의 시[61]에,

신선 섬 멀리서 보니 여섯 마리 자라[62]가 떠메고 있는 듯 仙島遙疑駕六鼇
망망대해라 가는 길이 구름과 파도에 막혀 있네 茫茫去路隔雲濤
허공에 뜬 한 떨기 외로운 봉우리 우뚝하고 浮空一朶孤峯兀
바다에 꽂힌 천 가닥 괴석들이 높이 솟았구나 揷海千條怪石高

하였다.

여도(女島) 국도 북쪽에 있다. 부와의 거리는 30리이다.

압융관(壓戎串) 부 동쪽 55리에 있다. 대나무가 있다.

61 안축(安軸)의 시 : 〈국도시(國島詩)〉이다. 《謹齋集 卷1》

62 여섯 마리 자라〔六鼇〕 : 발해에 있다고 하는 선산(仙山)을 떠받치고 있는 자라를 말한다. 발해의 동쪽에 있는 깊은 골짜기에 대여(岱輿), 원교(員嶠), 방호(方壺), 영주(瀛洲), 봉래(蓬萊)의 다섯 선산이 있어 열다섯 마리의 자라가 이를 떠받치고 있었다. 그런데 용백국(龍伯國)의 거인이 낚시질을 하여 여섯 마리의 자라를 잡아서 짊어지고 그 나라로 돌아가자 대여와 원교 두 산이 북극으로 흘러가서 큰 바다 아래로 가라앉았다고 한다. 《列子 湯問》

토산 土産

명주실〔絲〕, 삼〔麻〕, 배〔梨〕, 석왕사(釋王寺)에서 나는 것이 맛이 좋다. 세상에서 석왕배〔釋王梨〕라고 부른다. 지치〔紫草〕, 송이버섯〔松蕈〕, 오미자(五味子), 인삼(人蔘), 안식향(安息香), 복령(茯苓), 모향(茅香), 꿀〔蜂蜜〕, 황랍(黃蠟), 매〔鷹〕, 영양(羚羊), 사향(麝香), 소금〔鹽〕, 홍어(洪魚), 황어(黃魚), 송어(松魚), 연어(鰱魚), 삼치〔麻魚〕, 은어(銀魚 도루묵), 비목어(比目魚), 숭어〔秀魚〕, 과어(瓜魚 빙어), 청어(靑魚), 은구어(銀口魚 은어), 고등어〔古刀魚〕, 광어(廣魚), 방어(魴魚), 고리마(古里麻), 수유(酥油), 전복〔鰒〕, 굴〔石花〕, 조개〔蛤〕, 홍합(紅蛤), 해삼(海蔘), 게〔蟹〕

성곽 城郭

학성산성(鶴城山城) 부 동쪽 5리에 있다. 돌로 쌓았다. 둘레가 3930자이다. 문이 있고, 성안에 샘이 4개 있다. ○ 신라 효소왕(孝昭王) 때에 비열홀성(比列忽城)을 쌓았다[63]고 했는데, 이것인 듯하다.

공서 公署

고산도 찰방사(高山道察訪司) 부 남쪽 75리에 있다. 고산(高山), 남산(南山), 삭안(朔安), 화등(火燈), 봉룡(奉龍), 철관(鐵關), 양기(良驥), 통달(通

63 신라……쌓았다 : 《삼국사기(三國史記)》 권35 〈잡지(雜志) 지리(地理) 삭정군(朔庭郡)〉에 나온다.

達), 거방(巨防), 화원(和原), 주천(酒泉), 봉대(蓬臺), 초원(草原), 평원(平原), 덕산(德山) 15개 역을 관할한다. 찰방 1인이 있다

학교 學校

향교(鄕校) 부 동쪽 5리에 있다.

옥동서원(玉洞書院) 부 -원문 2, 3자 결락-에 있다. 사당을 세워 이계손(李繼孫)을 향사하였다.

궁실 宮室

객관(客館) 고려 말 정추(鄭樞)의 시[64]에,

등주와 화주[65]의 지난 일이 피리 소리에 아련하여	登和往事角聲中
멀리 봉 위에 올라 푸른 하늘 바라보네	遠上峯頭瞰碧空
땅이 금원[66]에 연접하여 산이 창끝 같고	地接金源山似戟
하늘이 상역[67]에 나직하여 바다에 바람도 없네	天低桑域海無風
신랑의 넘어진 기는 천추의 한이었지만[68]	愼郎旗倒千年恨

64 정추(鄭樞)의 시 : 〈안변관사에 차운하다(次安邊官舍韻)〉이다. 《圓齋稿 卷上》

65 등주(登州)와 화주(和州) : 등주는 함경도 안변(安邊)의 옛 이름이고, 화주는 함경도 영흥(永興)의 옛 이름이다.

66 금원(金源) : 금(金)나라의 별칭이다.

67 상역(桑域) : 보통 동방(東方)을 일컫는 말인데, 여기서는 일본을 지칭한다.

68 신랑(愼郎)의……한이었지만 : 신랑은 신집평(愼執平)이다. 고려 후기 문신으로 1258년(고종45) 동북면 병마사(東北面兵馬使)로 재임 중 몽고군의 침략을 받아 항전 중에 조휘(趙

윤상이 비를 세웠으니 한 시대의 영웅이었네[69] 尹相碑成一代雄
말 듣거라, 동쪽 구석 가죽 입은 무리들아 寄語東偏衣皮類
우리 임금 신무하시어 전쟁 제압하시도다 吾王神武壓興戎

하였다.

향사당(鄕射堂)

북루(北樓)

가학루(駕鶴樓) 객관 남쪽에 있다. ○ 고려 이자송(李子松)의 시에,

몸이 노곤하여 크게 하품하며 홀로 정자에 올라서 身倦呀咻獨上樓
중얼거리며 난간에 기대어 오랫동안 머뭇거렸네 沈吟俯檻久遲留
달은 차고 기울고 하는데 산은 예전 그대로이고 月圓月缺山依舊
꽃은 지고 피고 하건만 물은 변함없이 흐르네 花落花開水自流
눈앞에 가득 펼쳐진 구름 노을은 그림 같은 경치를 이루고 滿目煙霞成活畫
발을 적시며 스며드는 비바람은 맑은 가을 대령하네 灑簾風雨産淸秋
곁에서 보는 사람들은 웃으리라 거듭 찾아온 이 길손 傍人應笑重來客
분주하게 역마 달리기를 늙어도 쉬지 않는다고 乘馹奔馳老未休

暉)와 탁청(卓靑)의 반란으로 등주 부사(登州副使) 김선보(金宣甫) 등과 함께 살해되었다. 《원재고(圓齋稿)》에 실린 같은 시의 원주(原註)에 "조휘와 탁정의 반란에 병마사 신집평이 살해되었다.〔趙暉卓正之亂, 兵馬使愼執平遇害.〕"라고 되어 있다. 탁정(卓正)은 탁청의 오기이다.

69 윤상(尹相)이……영웅이었네 : 윤상은 윤관(尹瓘)이다. 《원재고》에 실린 같은 시의 원주에 "시중 윤관이 동진의 땅을 개척하여 바윗돌에 비를 새겼다.〔尹侍中瓘拓地東眞, 刻碑崖石.〕" 하였다.

하였다. ○ 고려 정몽주(鄭夢周)의 시[70]에,

묻노니, 어느 누가 처음 이 누각 세우고	試問何人始起樓
여기 올라 다시금 머물렀는가	登臨聊復爲淹留
십 년간 분주히 다니느라 본심 저버렸거니	十年道路負心事
백 번 싸운 산하 보면 눈물 절로 흐르네	百戰山河堪淚流
원님의 정사가 물같이 맑다 소문 자자한데	太守政聲淸似水
서생의 행색은 초라하기 가을보다 쓸쓸하다	書生行色冷於秋
시중이 이곳 지나며 써서 남긴 시구[71]를	侍中過此題詩句
우러러보고 읊조리며 그치지 못하노라	仰看沈吟未肯休

하였다.

원수대(元帥臺) 부 동쪽 60리에 있다. 해변에 큰 못이 있고 못 가운데 작은 봉우리가 있는데, 예전에 지병마사(知兵馬使)가 이 봉우리에서 노닐며 쉬었으므로 이름이 되었다.[72] ○ 정추(鄭樞)의 시[73]에,

가벼운 노로 서서히 저어 층대에 오르니	輕橈徐轉上層臺
햇살은 푸른 물속을 쏘고 하늘이 거꾸로 열려 있네	日射滄溟天倒開

70 정몽주(鄭夢周)의 시 : 〈이 시중의 안변의 누대 시에 차운하다(次李侍中安邊樓詩韻)〉이다. 《圃隱集 卷2》

71 시중(侍中)이……시구 : 시중은 고려 우왕(禑王) 때 수 문하시중(守門下侍中)을 지낸 이자송(李子松)을 말한다. 시구는 바로 앞에 인용된 시이다.

72 예전에……되었다 : 《근재집(謹齋集)》 권1 〈원수대 시 병서(元帥臺詩 幷序)〉에 "옛날에 지병마사가 이 누대에서 노닐었는데, 이 지방 백성들은 지병마사를 원수라고 불렀다. 그러므로 이 누대의 이름으로 삼았다고 한다." 하였다.

73 정추(鄭樞)의 시 : 〈원수대 시에 차운하다(次元帥臺韻)〉이다. 《圓齋稿 卷上》

머리를 돌려 보니 압융[74]도 그리 멀지 않으니 回首押戎殊不遠
난주[75]에 또 밝은 달빛 가득 싣고 돌아오리라 蘭舟又載月明迴

하였다. ○ 본조 민제인(閔齊仁)의 시[76]에,

원수가 어느 해에 이 누대에 올랐는고 元帥何年上此臺
유명한 인사 떠나고 마냥 한적하여라 名流人去漫悠哉
푸른 봉우리 은은하게 허공에 솟고 青峯隱約浮空起
푸른 물 아득하게 산허리를 감아 도네 碧水微茫半腹回

하였다.

용당정(龍堂亭) 부 서쪽 3리, 태천(太川) 언덕에 있다.

봉수 烽燧

사현 봉수(沙峴烽燧) 남쪽으로 철령(鐵嶺)에 응하고, 북쪽으로 학성(鶴城)에 응한다.

학성 봉수(鶴城烽燧) 북쪽으로 덕원부의 견산(見山)에 응하고, 남쪽으로 사현에 응한다.

철령 봉수(鐵嶺烽燧) 북쪽으로 사현에 응하고, 남쪽으로 강원도 회양부의

74 압융(押戎) : 《원재고》에 실린 같은 시의 원주(原註)에 "압융은 수자리 이름이다.〔押戎, 戍名.〕"라고 하였고, 《지봉집(芝峯集)》 권12 〈학성록(鶴城錄)〉에 인용된 시의 원주에는 "진명(津名)"이라고 하였다. 《동국여지지》 권8 〈안변대도호부〉 봉수(烽燧)와 《대동여지도》에 '압융관(壓戎串)'이라는 지명이 나오는데, 동일한 곳인 듯하다.

75 난주(蘭舟) : 목란주(木蘭舟)라고도 한다. 결이 곱고 향기 좋은 목련 나무로 만든 작은 배를 말하는데, 흔히 조각배의 미칭으로 쓰인다.

76 민제인(閔齊仁)의 시 : 〈원수대에 올라〔登元帥臺〕〉이다. 《立巖集 卷3》

소산(所山)에 응한다.

신증新增

낭성현 봉수(浪城峴烽燧) 부 북쪽 31리에 있다. 동쪽으로 압융관(壓戎串)에 응하고, 서쪽으로 덕원부의 장덕(長德)에 응한다.

압융관 봉수(壓戎串烽燧) 부 동쪽 62리에 있다. 동쪽으로 마암(馬巖)에 응하고, 서쪽으로 낭성현에 응한다.

마암 봉수(馬巖烽燧) 부 동쪽 91리에 있다. 서쪽으로 압융관에 응하고, 동쪽으로 강원도 흡곡현의 치공산(致空山)에 응한다.

우역 郵驛

고산역(高山驛) 부 남쪽 75리에 있다. 찰방사(察訪司) 본역이다.

삭안역(朔安驛) 부 북쪽 3리에 있다.

남산역(南山驛) 부 남쪽 25리에 있다.

봉룡역(奉龍驛) 부 서쪽 30리에 있다.

화등역(火燈驛) 부 동쪽 50리에 있다.

남산원(南山院) 부 남쪽 25리에 있다.

용지원(龍池院) 부 남쪽 50리에 있다.

증생원(拯生院) 부 동쪽 50리에 있다.

관량 關梁

철관(鐵關) 철령 위에 있다. 고려 때 관문을 설치하고 철관이라 하였으니 바로 북로의 중요한 길목이다. 함경도를 관북(關北)이라고 칭하는 것이 이 때문이다. ○ 본조 이주(李胄)의 시[77]에,

철관의 천험은 진중[78]과 같은데	鐵關天險似秦中
옛 변방의 슬픈 호가 소리 먼 공중에 떨어지네	古塞悲笳落遠空
겨울비가 눈 덮인 일천 산봉우리에 비껴 내리고	凍雨斜連千嶂雪
주린 까마귀는 한 숲 바람에 놀라 우짖네	飢烏驚叫一林風
한평생 가고 머물고 하다 몸이 먼저 늙었고	百年去住身先老
반생 동안 슬픔과 기쁨 속에 장한 기운 꺾이었네	半世悲歡氣挫雄
만 리 밖 나그네 회포 말없이 시름하노라니	萬里羈懷愁不語
관하는 아득히 멀리 산융[79]에 가까이 있네	關河迢遞近山戎

하였다.

철원수(鐵垣戍) 부 동쪽 파천사(派川社), 흡곡현과 경계한 곳에 있다. 바다 어귀에 작은 석성(石城)이 있는데, 세상 사람들이 수성(戍城)이라 칭한다.

압융수(壓戎戍) 바로 압융관이다. 예전에 둔수(屯戍)하던 곳이 있다.

학포교(鶴浦橋) 학포폐현(鶴浦廢縣)에 있다. 공양왕(恭讓王) 때에 우리 태조가 이 다리에 이르렀는데 마침 졸고 있다가 말이 실족해서 떨어졌다. 태조가 내려서서 두 손으로 말의 귀와 갈기를 잡았는데, 말은 공중에 매달렸으나 말에 묶여서 풀리지 않았다. 사람을 시켜 차고 있던 칼을 빼어 안장

77 이주(李胄)의 시 : 〈안변루 시에 차운하다〔次安邊樓韻〕〉이다. 《忘軒遺稿》

78 진중(秦中) : 함곡관(函谷關)을 말한다. 함곡관은 전국(戰國) 시대 진(秦)나라가 설치한 동쪽 관문(關門)으로, 현재의 하남성(河南省) 영보현(靈寶縣) 서남쪽에 있었다. 천연적으로 견고하고 험준하여 함곡관을 닫으면 외적이 침범하지 못한다고 한다.

79 산융(山戎) : 우리나라에서 만주(滿洲)의 야인(野人)을 일컬은 말이다.

을 끊어 버리게 하니, 그제야 풀렸고 말은 물에 잠겼다가 다시 떠올라 나왔다.

사묘 祠廟

사직단(社稷壇) 부 서쪽에 있다.

문묘(文廟) 향교에 있다.

성황사(城隍祠) 학성산(鶴城山)에 있다. 세속에서 선위대왕지신(宣威大王之神)[80]이라고 칭한다.

여단(厲壇) 부 북쪽에 있다.

능묘 陵墓

지릉(智陵) 익조 성익대왕(翼祖聖翼大王)의 능이다. 부 서쪽 38리, 봉룡역(奉龍驛)에 있다. ○ 참봉 2인이 있다.

조돈(趙暾) 묘 부 남쪽 25리에 있다.

사찰 寺刹

석왕사(釋王寺) 태조의 잠저(潛邸) 시절에 세워졌다.

양로사(養老寺) 석왕사와 함께 설봉산(雪峯山)에 있다.

80 선위대왕지신(宣威大王之神) : 선위대왕은 안변의 성황신을 봉한 작위명이다.

가지사(迦智寺), 계정암(戒淨菴), 광덕사(廣德寺), 보현사(普賢寺) 모두 오압산에 있다.

백운사(白雲寺), 석보사(石寶寺) 모두 백운산에 있다.

고적 古蹟

학포폐현(鶴浦廢縣) 부 동쪽 60리에 있다. 본래 고구려 곡포현(鵠浦縣)인데, 신라 때에 학포(鶴浦)로 고치고 금양군(金壤郡)의 영현(領縣)으로 삼았다. 고려 현종 때 편입시켰고, 본조에서 그대로 따랐다.

영풍폐현(永豐廢縣) 부 서쪽 90리에 있다. 본래 증대이(甑大伊)인데, 고려 목종(穆宗) 4년(1001)에 성을 쌓고 진을 설치하였다. 뒤에 고쳐 현으로 삼았다가 얼마 뒤에 편입시켰다. 본조에서 그대로 따랐다.

문산폐현(文山廢縣) 부 남쪽 30리에 있다. 본래 고구려 가지달현(加支達縣)인데, 신라 때에 청산(菁山)으로 고치고 삭정군(朔庭郡)의 영현으로 삼았다. 고려 초에 문산현(汶山縣)으로 고치고, 현종 때에 그대로 안변부(安邊府)에 편입시켰다가 뒤에 문산(汶山)으로 고쳤다. 본조에서 그대로 병합시켰다.

익곡폐현(翼谷廢縣) 부 남쪽 65리에 있다. 본래 고구려 어지탄현(於支呑縣)인데, 신라 때에 익계(翊溪)로 고치고 삭정군의 영현으로 삼았다. 고려 때 익곡(翼谷)으로 고치고 그대로 편입시켰다. 본조에서 그대로 따랐다.

서곡폐현(瑞谷廢縣) 부 서쪽 35리에 있다. 본래 고구려의 경곡현(原谷縣)으로 일명 수을탄(首乙呑)이다. 신라 때에 서곡(瑞谷)으로 고치고 삭정군의 영현으로 삼았다. 고려 현종 때에 편입시켰고, 본조에서 그대로 따랐다.

파천폐현(派川廢縣) 부 동쪽 95리에 있다. 본래 고구려 기연현(岐淵縣)인데, 신라 때에 파천(派川)으로 고쳤다. 고려 현종 때 편입시켰고, 본조에서 그대로 따랐다.

위산폐현(衛山廢縣) 부 남쪽 52리에 있다. 고구려 때 칭호는 미상이다. 고려 현종 때 편입시켰고, 본조에서 그대로 따랐다.

복령폐현(福令廢縣) 영(令)은 한편 영(靈)이라고 쓴다. 부 서쪽 30리에 있다. 복녕향(福寧鄕)이라고도 하고 복평향(福平鄕)이라고도 한다.

상음폐현(霜陰廢縣) 부 동쪽 30리에 있다. 본래 고구려 살한현(薩寒縣)인데, 신라 때에 상음(霜陰)으로 고치고 삭정군의 영현으로 삼았다. 고려 때에 그대로 편입시켰고, 본조에서 그대로 따랐다.

안재(鞍岾) 서곡현(瑞谷縣) 남쪽에 있다. 고려 때에 한 남자가 북쪽으로 장성(長城)에 사역하러 갈 때 그 아내가 임신 중인 것을 알았다. 사역을 마치고 집으로 돌아오다가 길에서 쌀을 지고 가는 한 남자를 만나 고향을 물으니, 바로 그의 아들이었다. 마침내 서로 붙들고 통곡하고는 손가락을 깨물어 피를 내어 부자(父子)의 형상을 바윗돌에 그렸는데, 마침내 함께 죽었으므로 그대로 이곳에 안장하였다.

낭성포폐진(浪城浦廢鎭) 부 북쪽 25리에 있다. 본조 초에 수군만호(水軍萬戶)를 두었고, 중종 4년(1509)에 폐하였다.

명환 名宦

신라

성종(成宗) 진흥왕 17년(556)에 사찬(沙飡) 성종을 비열주(比列州)의 군주(軍主)로 삼았다.

무선(武仙) 문무왕(文武王) 21년(681)에 무선이 정병(精兵) 3000명을 거느리고 비열홀(比列忽)을 지켰다.

고려

견권(堅權) 태조 3년(920)에 달고적(達姑狄)이 신라를 침범하여 등주(登州)를 지나갈 때 장군 견권이 격파하여 크게 패배시켜 말 1필도 돌아가지 못하게 하였다. 신라 왕이 듣고 사신을 보내 사례하였다.

정사도(鄭思道) 공민왕 때에 안변 부사가 되어 사방 지역을 진무하는 데 절도(節度)가 있었다.

본조

김효성(金孝誠), **김소남**(金召南) 모두 안변 부사가 되어 은혜로운 정사를 행하였다.

남계당(南季堂) 안변 부사가 되었는데, 자상하고 공경하여 순리(循吏)의 풍도가 있었다.

이홍주(李弘胄) 선조(宣祖) 때에 고산도 찰방(高山道察訪)이 되었는데, 성품이 결백하고 일 처리에 있어서 한결같이 약속을 준행하였으므로 역졸들이 경애하였다.

인물 人物

고려

한경(韓卿) 문하부사(門下府事) 안천부원군(安川府院君)에 추증되었다. 이 분이 신의왕후(神懿王后)의 생부이고, 신의왕후는 우리 태조의 배필이 되어 공정대왕(恭靖大王 정종(定宗))과 공정대왕(恭定大王 태종)을 낳으셨다.

김승언(金升彦) 원(元)나라 조정의 제과(制科)에 합격하였으며, 재행(才行)이 있었다.

이인(李靭) 과거에 급제하여 벼슬길에 나아가 관직이 정당(政堂)에 이르렀다.

본조

강렴(姜廉) 효행이 지극히 돈독하였다. 부친 강회조(姜淮祖)가 일찍이 변이 막혀 통하지 않는 병을 앓았는데, 이에 강렴이 관직을 그만두고 병시중을 들어 손수 혼기(溷器 변기)를 받들기를 4년 동안 계속하였으며 심지어 변을 맛보아 병세의 차도를 증험하기까지 하였다. 부친이 또 종기를 앓았는데, 의원이 “수질(水蛭 거머리)이 피를 빨면 치료할 수 있다.” 하였다. 당시 한창 혹한기였는데, 강렴이 못가에 나아가 울면서 얼음을 깨고 찾았더니 홀연 수질 두세 마리가 손가락에 붙어 나왔다. 이것을 가지고 돌아와 그 종기를 빨게 하니 부친의 병이 바로 나아 95세까지 수를 누렸다. 강렴은 관직이 판사(判事)에 이르렀다. 장헌대왕(莊憲大王 세종)이 그 마을에 정표(旌表)하도록 명하였다.

덕원도호부德源都護府

동쪽으로 해안까지 7리이다. 남쪽으로 안변부(安邊府) 경계까지 25리이다. 서쪽으로 같은 부 임내(任內)인 영풍현(永豐縣) 경계까지 30리이다. 북쪽으로 문천군(文川郡) 경계까지 16리이다. 서울과의 거리는 635리이다.

한전 旱田

수전 水田

건치연혁 建置沿革

본래 고구려 천정군(泉井郡)이다. 일명 어을매(於乙買)라고 한다. 신라 문무왕(文武王) 때 고쳐 정천군(井泉郡)으로 삼았다. 고려 초에 용주(涌州)라고 칭하고, 성종(成宗) 때 의주(宜州)로 고쳤다. 본조 공정왕(恭定王 태종) 13년(1413)에 의천(宜川)으로 고치고, 장헌왕(莊憲王 세종) 19년(1437)에 고쳐 덕원군(德源郡)으로 삼았다. 27년(1445)에 목조(穆祖), 익조(翼祖), 도조(度祖), 환조(桓祖) 4대의 어향(御鄕)이라 하여 승격시켜 도호부로 삼았다. 관장하는 면은 4개이다.

관원

부사(府使), 교수(敎授) 각 1인이다.

군명 郡名

정천(井泉), 용주(涌州), 의주(宜州), 의천(宜川) 별호는 춘성(春城)이다.

산천 山川

반룡산(盤龍山) 부 서쪽 15리에 있다. 문천군에도 보인다.

소의달산(所依達山) 부 북쪽 20리에 있다.

송산(松山) 부 동북쪽 25리에 있다.

마수령(馬樹嶺) 일명 마식산(馬息山)이라고 한다. 부 서쪽 30리에 있다.

바다〔海〕 부 동쪽 7리에 있고, 또 부 북쪽 10리에 있다.

부내천(府內川) 부 남쪽 100보(步)쯤에 있다. 반룡산에서 나와 동쪽으로 흘러 바다에 들어간다.

진명포(鎭溟浦) 진명폐현(鎭溟廢縣) 동쪽 4리에 있다

죽도(竹島) 부 동쪽 15리에 있다. 대나무가 있다. 고려 때 정주(定州) 이남 12개 성(城)의 사람들이 모두 이 섬에 들어가서 몽고 군사를 피하였다. 조휘(趙暉)와 탁청(卓靑)이 여진의 포지원(布只員)과 통모(通謀)하여 도병마사(都兵馬使) 신집평(愼執平)을 죽이고 적을 맞아들였다. 관사와 민가의 유지(遺址)가 아직 있다.

신도(薪島) 부 동쪽 37리에 있다. 거주민이 있다.

연도(連島) 부 동쪽 30리에 있다. 일명 이도(李島)라고 한다. 육지에 연결되어 있고, 거주민이 있다.

초도(草島) 부 동쪽 30리에 있다.

토산 土産

명주실〔絲〕, 삼〔麻〕, 지치〔紫草〕, 감초(甘草), 인삼(人蔘), 안식향(安息香), 복령(茯苓), 오미자(五味子), 꿀〔蜂蜜〕, 사향(麝香), 영양(羚羊), 소금〔鹽〕, 숭어〔秀魚〕, 송어(松魚), 연어(鰱魚), 청어(青魚), 과어(瓜魚 빙어), 광어(廣魚), 고등어〔古刀魚〕, 방어(魴魚), 살조개〔江瑤柱〕, 용진현(龍津縣)에서 난다. 채취하기가 몹시 어려워서 읍민 50여 호가 이로 인해 생업을 잃고 거의 다 흩어져 도망갔다. 고려 때 유석(庾碩)이 동북면 병마사(東北面兵馬使)가 되어 일절 금지시키니, 흩어지고 도망간 백성들이 모두 돌아왔다. 은어(銀魚 도루묵), 홍어(洪魚), 비목어(比目魚), 삼치〔麻魚〕, 황어(黃魚), 은구어(銀口魚 은어), 조개〔蛤〕, 홍합(紅蛤), 해삼(海蔘), 굴〔石花〕, 게〔蟹〕, 고리마(古里麻), 수유(酥油)

성곽 城郭

부성(府城)

학교 學校

향교(鄕校) 전에는 부 서쪽 1리에 있었다. 지금은 부 북쪽 1리로 옮겼다.

궁실 宮室

봉수 烽燧

유현 봉수(楡峴烽燧) 부 북쪽 35리에 있다. 북쪽으로 문천군의 천불산(天佛山)에 응하고, 남쪽으로 발산(拔山)에 응한다.

발산 봉수(拔山烽燧) 부 북쪽 7리에 있다. 북쪽으로 유현에 응하고, 남쪽으로 견산(見山)에 응한다.

견산 봉수(見山烽燧) 부 남쪽 22리에 있다. 북쪽으로 발산에 응하고, 남쪽으로 안변부의 학성(鶴城)에 응한다.

신증 新增

장덕산 봉수(長德山烽燧) 부 동쪽 7리에 있다. 북쪽으로 문천군의 황석재(黃石岾)에 응하고, 동쪽으로 안변부의 낭성현(浪城峴)에 응한다. 중종 5년(1510)에 유현, 발산, 견산 등지에 있는 봉수를 혁파하고 이곳에 옮겨 합하였다.

우역 郵驛

철관역(鐵關驛) 부 북쪽 7리에 있다.

명석원(銘石院) 부 남쪽 12리에 있다.

사묘 祠廟

사직단(社稷壇) 부 서쪽에 있다.

문묘(文廟) 향교에 있다.

성황사(城隍祠) 부 북쪽 2리에 있다.

소의달산사(所依達山祠) 봄가을에 본읍에서 제사 지낸다.

여단(厲壇) 부 북쪽에 있다.

사찰 寺刹

안양사(安養寺) 부 서쪽 10리에 있다. 우리 태조가 소싯적에 이곳에서 독서하였다.

운석사(雲石寺), 은적사(隱寂寺) 모두 반룡산에 있다.

송림사(松林寺) 송산에 있다.

우달사(于達寺) 부 서쪽 20리에 있다.

고적 古蹟

고정천성(古井泉城) 부 북쪽 15리에 있다. 돌로 쌓았다. 둘레가 4322자이다. 지금은 없어졌다.

진명폐현(鎭溟廢縣) 부 남쪽 24리에 있다. 혹 원산현(圓山縣)이라고 칭하며 수강(水江)이라고도 한다. 고려 현종(顯宗) 때 진경현(鎭溟縣)으로 삼고 뒤에 본부에 편입시켰다. 지금은 진명사(鎭溟社)다고 칭한다. 성은 둘레가 2287자이다. 안에 샘이 2개 있다. 지금은 거의 허물어졌다.

용진폐현(龍津廢縣) 부 동쪽 30리에 있다. 예전의 호포(狐浦)인데, 고려 때 용진진(龍津鎭)으로 삼았다. 목종(穆宗) 9년(1006)에 성을 쌓았고 그 뒤에 문주(文州)에 편입시켰다가 신우(辛禑) 때[81] 떼어 내 용진현(龍津縣)을 설치하였다. 본조 혜장왕(惠莊王 세조) 5년(1459)에 본부에 편입시키고 용성사(龍城社)라고 칭하였으며, 현 북쪽의 구산사(龜山社)와 명효사(明孝社)를 떼어 내 문천군에 편입시켰다. 낭문산성(郎門山城)은 돌로 쌓았다. 둘레가 3004자이며, 삼면이 바다에 닿아 있고 안에 우물이 1개 있다.

철관성(鐵關城) 부 북쪽 15리에 있다. 돌로 쌓았다. 둘레가 1403자이다. 고려 공민왕(恭愍王) 때에 삼선(三善)과 삼개(三介)가 여진을 꾀어 북방 변경을 침략하였으므로[82] 도지휘사(都指揮使) 한방신(韓方信) 등이 화주(和州)로 군사를 이끌고 나갔는데, 패전하여 물러나 철관을 지켰다. 태조가 서북면(西北面)으로부터 군사를 인솔하고 철관에 이르니, 장병들이 믿고 두려움이 없어져서 한방신과 함께 삼면으로 진격하여 크게 격파하고 화주와 함주(咸州) 등의 땅을 모두 수복하였다.

81 신우(辛禑) 때 : 우왕(禑王) 5년(1379)이다.

82 삼선(三善)과……침략하였으므로 : 삼선과 삼개는 태조 이성계와 고종형제 사이이다. 여진 땅에서 나고 자라 완력이 남보다 세고 말타기와 활쏘기를 잘하였다. 불량한 젊은이를 모아 북쪽 변방에서 거리낌 없이 돌아다녔으나 태조를 두려워하여 감히 방자한 행동을 취하지 못하였는데, 이때에 와서 태조가 서북면을 원조하러 간다는 소문을 듣고 여진을 꾀어 크게 침략을 자행하고 함주를 함락시켰다.《高麗史節要 卷28 恭愍王 13年 1月》

용주리(涌珠里) 부 남쪽 10리에 있다. 목조가 전주(全州)로부터 삼척(三陟)으로 옮겼다가 또 이곳으로 옮겨 와서 익조를 낳았다. 익조가 경흥부(慶興府)로 옮겨 살았는데, 난리를 피하여 적도(赤島)로 들어갔다가 적도로부터 다시 이곳으로 돌아와서 적전사(赤田社)로 이름을 고쳤다. 또 함흥(咸興) 송두등리(松頭等里)로 옮겨 도조를 낳고 얼마 안 되어 도로 적전으로 돌아와서 살았다.

진명포폐진(鎭溟浦廢鎭) 진명폐현 동쪽 4리에 있다. 고려 말에 왜(倭)가 진명성(鎭溟城)에 침입하여 창고를 불사르고 백성들을 살해하고 약탈하였다. 이에 진을 설치하고 병선(兵船)을 준비해 두었는데, 그 뒤로 왜가 다시 오지 않았다. 포구의 수로에 진흙이 쌓여 수심이 얕아져서 병선을 안변의 낭성포(浪城浦)로 옮겼다.

명환 名宦

고려

김유성(金有成) 의주 장서기(宜州掌書記)가 되었다.

본조

이사계(李師季) 덕원 부사(德源府使)가 되었는데, 농상(農桑)을 부지런히 권면하였다.

송숙기(宋叔琪) 덕원 부사가 되었다.

유우 流寓

조휘(趙暉) 본래 한양(漢陽) 사람인데 뒤에 용진현(龍津縣)으로 옮겨 살았다. 고려 고종(高宗) 때에 원(元)나라 군사가 난을 일으키자 화주 이북을 가지고 원나라에 귀부(歸附)하였다. 원나라가 이에 화주에 쌍성총관부(雙城摠管府)를 설치하고 조휘를 쌍성총관(雙城摠管)으로 삼았다.

권륜(權綸) 본조 안동(安東) 사람이다. 장헌왕(莊憲王 세종) 때에 과거에 급제하여 강원도 관찰사(江原道觀察使)를 역임하였으며, 오랫동안 주감(胄監 성균관 대사성)을 지냈는데 사생(師生)들이 장자(長者)라고 칭했다. 만년에 관직을 그만두고 본부 소라리(素羅里)로 물러나 휴양하면서 소요정(逍遙亭)을 짓고는 스스로 즐겼다.

인물 人物

고려

조양기(趙良琪) 조휘의 아들로, 쌍성총관의 관작을 이어받았다. 13세에 충렬왕(忠烈王)에게 입조하였는데, 체격이 장대하고 수람하며 수염이 길게 늘어져서 보는 자들이 놀라 기이하게 여겼다. 당시 원나라 세조(世祖)가 일본을 정벌하면서 고려에 군사를 보내도록 명하였으므로, 조양기가 왕에게 청하여 김방경(金方慶)을 보좌하여[83] 일본을 정벌하러 가서는 군사를

83 김방경(金方慶)을 보좌하여 : 1274년(충렬왕 즉위년) 10월 김방경은 도독사(都督使)로서 원나라 도원수 홀돈(忽敦)의 총지휘 아래 고려군 8000명을 이끌고 참전하였다.《高麗史 卷

온전히 하여 돌아왔다. 합단(哈丹) 군사가 철령을 넘어 흩어져 달아나자 조양기가 포로로 잡아 직접 원나라에 바쳤다. 원나라 세조가 불러 보고 공주를 아내로 삼게 하고자 하였는데, 조양기가 굳이 사양하고 금포(錦袍)와 왕대(王帶)를 하사받아 돌아왔다.

조돈(趙暾) 처음 이름은 조우(趙祐)이고, 조양기의 아들이다. 약관(弱冠)이 채 되기 전에 충숙왕(忠肅王)을 섬겼다. 당시 아전과 백성들이 달아나 여진에 들어가자 왕이 조돈을 보냈는데, 조돈이 해양(海陽) 등지에 이르러 100여 호를 쇄환하였으므로 왕이 칭찬하였다. 여러 관직을 거쳐 예의 판서(禮儀判書)가 되었다. 공민왕 때에 지병마사(知兵馬使)로서 홍적(紅賊)을 격파하여 공을 세우고 용성군(龍城君)에 봉해졌다. 귀향하여 용진에서 노년을 보냈다. 귀향할 때 아들 조인옥(趙仁沃)이 따라가고자 하니, 힘써 만류하며 이르기를 "우리 집안이 위태로운 시기를 만나 선조 제사를 보존할 가망이 아주 터럭만큼 희소하였는데, 현릉(玄陵 공민왕의 능호)께서 돌보아 주신 은택을 입어 가문이 온전하게 되었다. 그런데 전혀 보답한 것도 없으니, 너희들은 늙은 아버지를 염려하지 말고 왕실을 위해 전력을 다하라." 하였다.

조인벽(趙仁璧) 조돈의 아들이다. 여러 번 전공(戰功)을 세워 관직이 삼사좌사(三司左使)에 이르렀다.

본조

조인옥(趙仁沃) 조인벽의 아우이다. 고려 말에 여러 관직을 거쳐 판전의시

104 金方慶列傳》

(判典儀寺)가 되었다. 요동(遼東)을 공략할 때 우리 태조를 따라 위화도(威化島)에 이르러 남은(南誾) 등과 함께 회군(回軍)의 의견을 올렸다. 본조에 들어와 개국 공신(開國功臣)이 되고 관직이 중추원사(中樞院事)에 이르렀으며, 한산군(漢山君)에 봉해지고 태조 묘정에 배향되었다.

문천군文川郡

동쪽으로 덕원부(德源府) 임내(任內)인 용진현(龍津縣) 경계까지 14리이다. 남쪽으로 같은 부 경계까지 17리이다. 서쪽으로 평안도 양덕현(陽德縣) 경계까지 54리이다. 북쪽으로 고원군(高原郡) 경계까지 33리이다. 서울과의 거리는 668리이다.

한전 旱田

수전 水田

건치연혁 建置沿革

본래 고구려 지역이다. 고구려 천정군(泉井郡) 지역인 듯하다. 고려 때 문주(文州)로 삼고, 뒤에 의주(宜州)에 병합시켰다가 충목왕(忠穆王) 초에 다시 떼어 내 문주를 설치하였다. 본조 태종(太宗) 13년(1413)에 고쳐 문천군(文川郡)으로 삼았다. 관장하는 면은 3개이다.

관원

군수(郡守), 훈도(訓導) 각 1인이다.

군명 郡名

문주(文州) 별호는 주성(姝城)이다.

산천 山川

반룡산(盤龍山) 군 서남쪽 25리에 있다. 진산(鎭山)이다.

천불산(天佛山) 군 북쪽 25리에 있다.

보현산(普賢山) 군 북쪽 10리에 있다.

두리산(頭里山) 군 서쪽 50리에 있다.

바다〔海〕 군 동쪽 30리에 있다.

전탄천(箭灘川) 군 북쪽 33리에 있다. 원류는 -원문 2, 3자 결락-에서 나와 흘러 군 서쪽 57리에 이르러 배기천(配岐川)이 되고, 반룡산 동쪽에 이르러 전탄(箭灘)이 된다. 또 군 동쪽에 이르러 문주포(文州浦)가 되고 고원군 덕지탄(德之灘) 물과 합하여 영흥부(永興府) 용흥강(龍興江)에 들어간다.

원기천(院岐川) 군 남쪽 1리에 있다. 일명 석천(石川)이라고 한다. 반룡산에서 나와 동쪽으로 흘러 덕원부 용성폐현(龍城廢縣)을 지나 바다에 들어간다.

사눌도(四訥島) 군 동쪽 30리에 있다. 목장이 있다.

마도(馬島) 군 북쪽 40리에 있다. 대나무를 심었다.

토산 土産

명주실〔絲〕, 삼〔麻〕, 철(鐵), 두리산에서 난다. 지치〔紫草〕, 잣〔海松子〕, 복령(茯苓), 인삼(人蔘), 오미자(五味子), 꿀〔蜂蜜〕, 황랍(黃蠟), 사향(麝香), 소금〔鹽〕, 연어(鰱魚), 황어(黃魚), 홍어(洪魚), 방어(魴魚), 광어(廣魚), 숭어〔秀魚〕, 송어(松魚), 은어(銀魚 도루묵), 비목어(比目魚), 은구어(銀口魚 은어), 고등어〔古刀魚〕, 청어(靑魚), 과어(瓜魚 빙어), 삼치〔麻魚〕, 조개〔蛤〕, 홍합(紅蛤), 굴〔石花〕, 게〔蟹〕, 해삼(海蔘), 고리마(古里麻), 수유(酥油)

학교 學校

향교(鄕校) 예전에는 군 동쪽 5리에 있었는데, 강정왕(康靖王 성종) 21년(1490)에 군 북쪽 1리로 옮겼다.

궁실 宮室

객관(客館)

절문루(節文樓) 객관 북쪽에 있다. 본조 김수령(金壽寧)의 시에 "호기가 백척루 같다는 말만 들었을 뿐,[84] 높다란 누각이 변방 고을에 우뚝 서 있을 줄

84 호기(豪氣)가……뿐 : 백척루는 호걸지사(豪傑之士)가 거처하는 높은 누대라는 뜻으로, 삼국 시대 위(魏)나라 진등(陳登)의 고사에서 인용한 말이다. 허사(許汜)가 진등을 찾아가서 허튼소리를 하다가 냉대를 받고 돌아와서는 진등의 호기가 여전하더라고 유비(劉備)에게 하소연하자, 유비가 "나 같으면 그 정도로 그치지 않고 나 자신은 백척루 위에 높이 눕고 당신은

어찌 알았겠는가.〔豪氣徒聞百尺樓 寧知飛閣敞邊州〕" 하고, 또 "유월의 찜통더위는 불덩이 흐르는 것 같은데, 이처럼 시원하게 한가로이 노니는 것을 기뻐하노라.〔炎蒸六月如流火 喜此冷然汗漫遊〕" 하였다.

봉수 烽燧

천불산 봉수(天佛山烽燧) 북쪽으로 고원군의 웅망산(熊望山)에 응하고, 남쪽으로 덕원부의 유현(楡峴)에 응한다.

신증 新增

황석재 봉수(黃石岾烽燧) 서쪽으로 영흥(永興)의 말응도(末應島)에 응하고, 남쪽으로 덕원(德源)의 장덕산(長德山)에 응한다 중종 5년(1510)에 천불산 봉수를 혁파하고 이곳으로 옮겨 합하였다.

우역 郵驛

양기역(良驥驛) 군 동쪽 5리에 있다. 옛 고종역(高宗驛)이다. 우리 혜장왕(惠莊王 세조) 초기에 덕녕역(德寧驛)을 가져와 합하여 덕종역(德宗驛)이라 칭하였다가, 강정왕 6년(1475)에 회간대왕(懷簡大王)의 묘호(廟號)[85]를

땅바닥에 있게 했을 것이다."라고 했던 고사가 있다.《三國志 魏書 陳登傳》

85 회간대왕(懷簡大王)의 묘호(廟號) : 회간대왕은 성종의 아버지인 덕종(德宗)에게 명(明)나라에서 내린 시호(諡號)이다. 묘호가 덕종이다.

피휘하여 지금 이름으로 고쳤다.

비파원(琵琶院) 군 남쪽 17리에 있다. 앞에 못이 있는데 형상이 비파와 같으므로 이렇게 이름하였다.

사묘 祠廟

사직단(社稷壇) 군 서쪽에 있다.

문묘(文廟) 향교에 있다.

성황사(城隍祠) 군 북쪽 3리에 있다.

여단(厲壇) 군 북쪽에 있다.

능묘 陵墓

숙릉(淑陵) 익조(翼祖)의 비(妃)인 정숙왕후(貞淑王后)의 능이다. 군 동쪽 15리, 초한사(草閑社)에 있다. 참봉(參奉) 2인이 있다.

사찰 寺刹

영덕사(靈德寺) 반룡산에 있다.

천불사(天佛寺), 청련사(青蓮寺) 모두 천불산에 있다.

도창사(道昌寺) 군 남쪽 8리에 있다. 절 안에 큰 나무가 있었는데, 홍무(洪武) 무진년(1388, 우왕14)에 다 말라 죽었다가 신미년(1391, 공양왕3)과 임신년(1392, 태조1)에 이르러 다시 가지를 뻗어 무성해졌다. 이는 바로 한

(漢)나라 때 쓰러졌던 버드나무가 다시 소생한 것[86]과 합치되므로 당시 사람들이 본조 개국의 조짐이라고 여겼다. 지금은 없어졌다.

고적 古蹟

고이균성(古伊均城) 군 동쪽 5리에 있다. 유지(遺址)가 있다.

운림진고성(雲林鎭古城) 군 서쪽 30리에 있다. 돌로 쌓았다. 둘레가 1212자이다. 고려 현종(顯宗) 때에 쌓아서 방어소(防禦所)로 삼았고, 지금 그대로 진사(鎭司)라고 칭한다.

명효사(明孝社) 군 동쪽 30리에 있다. 본래 용진현(龍津縣) 지역인데, 세조 5년(1459)에 떼어 내 본군에 편입시켰다. 덕원부에 자세히 보인다.

말흘석성(末屹石城) 군 북쪽 25리에 있다. 옛터가 남아 있다.

조지포(漕至浦) 군 북쪽 50리에 있다. 영흥(永興)과 고원(高原)의 선졸(船卒 수군)이 방수(防戍)하였는데, 강정왕 20년(1489)에 폐하였다.

86 한(漢)나라……것 : 한나라 소제(昭帝) 3년에 상림원(上林苑)의 거대한 버드나무가 땅에 쓰러졌다가 저절로 일어나자, 휴홍(眭弘)이 말하기를 "이는 필부(匹夫)에서 천자가 나올 징조이다."라고 하였는데, 과연 5년 뒤에 선제(宣帝)가 민간에서 일어나 황제가 되었다. 《漢書 眭弘傳》

북청도호부北青都護府

동쪽으로 이성현(利城縣) 경계까지 68리이다. 남쪽으로 함흥부(咸興府) 경계까지 80리이다. 서쪽으로 홍원현(洪原縣) 경계까지 56리이다. 북쪽으로 갑산부(甲山府) 경계까지 168리이다. 서울과의 거리는 1083리이다.

한전 旱田

수전 水田

건치연혁 建置沿革

본래 고구려 지역이다. 뒤에 발해에 함락되고 이어서 여진(女眞)의 점령지가 되었다. 고려 예종(睿宗) 2년(1107)에 윤관(尹瓘)을 보내 여진을 축출하고 성읍(城邑)을 설치하였다. 《고려사(高麗史)》에 "9성(城)을 설치하였다." 하였는데, 당시 명칭은 미상이다. 얼마 뒤에 이 지역을 여진에게 돌려주었고, 그 후 원(元)나라에 편입되어 삼살(三撒)이라고 칭하였다. 공민왕(恭愍王) 때에 그 지역을 회복하여 안북 천호방어소(安北千戶防禦所)를 설치하고 얼마 뒤에 고쳐 북청주(北青州)로 삼았다. 본조 태조

(太祖) 7년(1398)에 청주부(靑州府)로 고치고, 태종(太宗) 때에 청주목(淸州牧)과 음이 같다 하여 다시 북청(北靑)이라고 칭하였다. 세종(世宗) 9년(1427)에 도호부로 삼았다. 세조(世祖) 때 진(鎭)을 설치하였다. 관장하는 면은 8개이다.

진관

군(郡) 1개 단천(端川)

현(縣) 2개 홍원(洪原), 이성(利城)

관원

부사(府使) 남도 절도사가 겸한다.

판관(判官), 교수(敎授) 각 1인이다.

군명 郡名

삼살(三撒), 안북(安北), 청주(靑州) 별호는 청해(靑海)이다.

형승 形勝

풍속 風俗

사람들의 성품이 질박하고 정직하며 강하고 용맹하다.

산천 山川

연덕산(連德山) 부 서쪽 2리에 있다. 진산(鎭山)이다.

대덕산(大德山) 부 북쪽 20리에 있다.

입석산(立石山) 부 동쪽 60리에 있다. 산 위에 입석(立石)이 있고 북쪽 기슭에도 입석이 있는데, 높이가 36자이고 너비가 12자나 되어 마치 비석을 세워 놓은 것 같다.

성대산(聖代山) 부 북쪽 81리에 있다.

죽파산(竹坡山) 부 서쪽 99리, 함흥부 경계에 있다.

중산(中山) 부 동쪽 35리에 있다.

승방동산(僧房洞山) 부 서쪽 45리에 있다.

대동산(大洞山) 부 북쪽 20리에 있다.

후치령(厚致嶺) 부 북쪽 109리에 있다.

만령(蔓嶺) 부 동쪽 68리, 이성현 경계에 있다. 본조 혜장왕(惠莊王 세조) 13년(1467)에 길주(吉州) 사람인 전 회령 부사(會寧府使) 이시애(李施愛)가 목사를 죽이고 주를 거점으로 삼아 모반하니, 정평(定平) 이북의 사람과 물화가 통하지 않았다. 이에 어유소(魚有沼) 등을 보내 여러 도의 군사 3만 명을 거느리고 토벌하게 하였다. 이 영에 이르자 이시애가 그 군병을 다 거느리고 와서 반격하였으나 크게 패하여 도망하였는데, 마침내 생포하여 참수하였다.

건자개현(乾者介峴) 만령과의 거리가 8리이다. 혹 말하기를 "이시애가 이곳에서 패전하였다."라고 한다.

마본령(馬本嶺) 부 북쪽 167리, 갑산부 경계에 있다.

향령(香嶺) 부 북쪽 130리에 있다.

김창기이(金昌岐伊) 부 북쪽 113리, 단천군(端川郡) 경계에 있다.

허건려이령(虛件驢耳嶺) 부 북쪽 148리에 있다.

관음굴(觀音窟) 부 서쪽 82리에 있다. 굴 안에 물이 있다.

바다〔海〕 부 동쪽 43리에 있고, 또 부 남쪽 60리에 있다.

호망포(好望浦) 부 서쪽 57리에 있다. 가뭄이 들었을 때 비를 빌면 응험이 있다.

오천(五川) 부 동쪽 2리에 있다. 그 원류는 다섯인데 하나는 중산에서 나오고, 하나는 대동산에서 나오고, 하나는 죽파산에서 나오고, 하나는 승방동산에서 나와 부 서남쪽 10리에서 합하고 또 대천(大川)과도 합한다. 그 원류가 다섯이므로 세속에서 오천이라고 칭한다. 부 남쪽 40리 속후촌(俗厚村)을 지나 바다에 들어간다.

대천(大川) 김창기이 및 후치현(厚致峴), 향령, 죽파산의 물이 부 서남쪽 10리에서 합류하여 대천이 되고, 또 오천과도 합한다.

벌성포천(伐成浦川) 부 북쪽 138리에 있다. 원류는 향령에서 나와 동쪽으로 흘러 산북파천(山北坡川)과 합한다.

황수천(黃水川) 부 북쪽 123리에 있다. 원류는 향령에서 나와 동쪽으로 흘러 산북파천과 합한다. 물빛이 누렇기 때문에 이렇게 이름하였다.

산북파천(山北坡川) 부 북쪽 118리에 있다. 원류는 후치현에서 나와 황수천과 합한다.

독산천(禿山川) 부 북쪽 162리에 있다. 원류는 향령에서 나온다.

○ 이상의 4개 하천은 모두 갑산부 허천강(虛川江)에 들어간다.

어정탄(於丁灘) 부 북쪽 35리에 있다.

이동천(梨洞川) 부 북쪽 45리에 있다.

방원(防垣) 부 북쪽 77리에 있다.

송도(松島) 부 남쪽 64리에 있다.

육도(陸島) 부 남쪽 90리에 있다.

토산 土産

명주실〔絲〕, 삼〔麻〕, 화피(樺皮), 옻〔漆〕, 철(鐵), 성대산(聖代山)에서 난다. 석이버섯〔石蕈〕, 감초(甘草), 오미자(五味子), 인삼(人蔘), 잣〔海松子〕, 지치〔紫草〕, 꿀〔蜂蜜〕, 황랍(黃蠟), 매〔鷹〕, 사향(麝香), 영양(羚羊), 담비〔貂〕, 청서(靑鼠), 황서(黃鼠), 수달(水獺), 해달(海獺), 소금〔鹽〕, 숭어〔秀魚〕, 홍어(洪魚), 연어(鰱魚), 삼치〔麻魚〕, 송어(松魚), 청어(靑魚), 황어(黃魚), 방어(魴魚), 고등어〔古刀魚〕, 광어(廣魚), 살조개〔江瑤柱〕, 전복〔鰒〕, 홍합(紅蛤), 문어(文魚), 대구어(大口魚 대구), 비목어(比目魚), 은어(銀魚 도루묵), 여항어(餘項魚), 은구어(銀口魚 은어), 게〔蟹〕, 해삼(海蔘), 고리마(古里麻), 수유(酥油), 미역〔藿〕

성곽 城郭

부성(府城) 공희왕(恭僖王 중종) 12년(1517)에 석성을 쌓았는데 둘레는 6000자이다. 문을 세웠으니, 동문을 □□라고 하고, 남문을 □□라고 한다. 가운데에 못 1개, 우물 1개, 샘 4개가 있다.

공서 公署

남도 절도사영(南道節度使營) 부성 안에 있다.

거산도 찰방사(居山道察訪司) 부 동쪽 60리에 있다. 거산(居山), 함원(咸原), 신은(新恩), 평포(平浦), 오천(五川), 제인(濟人), 시리(施利), 곡구(谷口), 기원(基原), 마곡(麻谷), 영동(嶺東), 임명(臨溟), 웅평(雄平), 명원(明原), 고참(古站), 종포(終浦), 웅이(熊耳), 허천(虛川) 적생(積生) 등 19개 역을 관할한다. 찰방 1인이 있다.

학교 學校

향교(鄕校) 예전에는 부 북쪽 2리에 있었는데, 중종(中宗) 때에 부 북쪽 3리로 옮겼다.

궁실 宮室

객관(客館) 고려 정몽주(鄭夢周)의 시[87]에,

이 지역이 옛날에 적의 땅에 빠졌던 것을	此域昔淪沒
선왕께서 다시 개척하셨네	先王還拓開
백성들 많아 갖가지 풍속들이 섞여 있고	民稠雜殊俗
지세가 장하여 큰 인재가 나왔도다	地勝産雄材

87 정몽주(鄭夢周)의 시 : 〈홍무 임술년에 이 원수를 따라 동쪽으로 정벌하러 가면서(洪武壬戌從李元帥東征)〉이다. 《圃隱集 卷2》

길은 푸른 바다를 향하여 돌아가고 路向滄溟轉
산은 말갈 땅으로부터 뻗어 나왔지 山從靺鞨來
짧은 옷 입고 사나운 범 쏘는 것[88] 보느라 短衣看射虎
한 해 저물도록 돌아갈 줄도 모르네 歲晩不知回

하였다. ○ 본조 이직(李稷)의 시에,

이 고장 풍속은 용맹한 무사를 높이 보는데 土風崇猛士
향교 학당에 생도들이 성대하구나 鄕學盛諸生
먼 변방의 풍속을 보지 않고서야 不見遐方俗
교화가 행해진 것을 어찌 알랴 何知敎化行

하였다.

진남루(鎭南樓) 바로 성 남쪽 문루이다.

도경당(倒鏡堂) 성안 남쪽에 있다.

봉수 烽燧

마본령 봉수(馬本嶺烽燧) 북쪽으로 갑산부의 응덕령(鷹德嶺)에 응하고, 남쪽으로 허건려이(虛件驢耳)에 응한다.

88 짧은……것 : 짧은 옷은 군복 또는 사냥할 때 입는 옷을 말한다. 범 쏘는 것은 호기(豪氣) 있고 무예가 출중한 무장을 비유할 때 인용하는 말로 사호석(射虎石)의 고사에서 나온 말이다. 한(漢)나라의 명장 이광(李廣)이 북평 태수(北平太守)로 있을 때 사냥을 나갔다가 바위를 호랑이로 착각하고 화살을 쏘았는데 화살이 바위에 그대로 꽂혔다고 한다.《史記 李將軍列傳》 여기서는 무예가 출중한 이성계(李成桂)가 동북방 지역에서 오랑캐들을 정벌한 일을 말하였다.

허건려이 봉수(虛件驢耳烽燧) 북쪽으로 마본령에 응하고, 남쪽으로 장항(獐項)에 응한다.

장항 봉수(獐項烽燧) 부 북쪽 125리에 있다. 북쪽으로 허건려이에 응하고, 남쪽으로 후치현(厚致峴)에 응한다.

후치현 봉수(厚致峴烽燧) 북쪽으로 장항에 응하고, 남쪽으로 망덕(望德)에 응한다.

망덕 봉수(望德烽燧) 부 북쪽 59리에 있다. 북쪽으로 후치현에 응하고, 남쪽으로 자라이(者羅耳)에 응한다.

자라이 봉수(者羅耳烽燧) 부 북쪽 25리에 있다. 북쪽으로 망덕에 응하고, 남쪽으로 가대(加代)에 응한다.

가대 봉수(加代烽燧) 부 남쪽 18리에 있다. 북쪽으로 자라이에 응하고, 동쪽으로 소응거대(所應居代)에 응하고, 서쪽으로 산개동(山芥洞)에 응한다.

소응거대 봉수(所應居代烽燧) 부 동쪽 57리에 있다 동쪽으로 이성현의 다포산(多布山)에 응하고, 서쪽으로 가대에 응한다.

산개동 봉수(山芥洞烽燧) 부 서쪽 35리에 있다. 동쪽으로 가대에 응하고, 남쪽으로 홍원현의 황가라산(黃加羅山)에 응한다.

신증 新增

장진 봉수(長津烽燧) 부 동남쪽 50리에 있다. 동쪽으로 이성현의 다포산에 응하고, 남쪽으로 예적(曳積)에 응한다.

예적 봉수(曳積烽燧) 부 남쪽 50리에 있다. 남쪽으로 육도(陸島)에 응한다.

육도 봉수(陸島烽燧) 부 남쪽 60리에 있다. 북쪽으로 예적에 응하고, 남쪽으로 홍원현의 천도(穿島)에 응한다.

우역 郵驛

거산역(居山驛) 부 동쪽 60리에 있다. 찰방사 본역이다.

오천역(五川驛) 부 동쪽 2리, 오천 옆에 있다.

제인역(濟人驛) 부 북쪽 90리에 있다.

평청원(平靑院) 부 서남쪽 42리에 있다.

황수원(黃水院) 부 북쪽 35리에 있다.

궐파원(蕨坡院) 부 동북쪽 74리에 있다.

대정원(大定院) 부 동쪽 36리에 있다.

교항원(橋項院) 부 서쪽 8리에 있다.

사묘 祠廟

사직단(社稷壇) 부 서쪽에 있다.

문묘(文廟) 향교에 있다.

성황사(城隍祠) 부 서쪽 3리에 있다.

이항복(李恒福) 사당[89] 부 -원문 3, 4자 결락-에 있다. 광해군(光海君) 때에 이항복이 옛 상신(相臣)으로서 직간하다가 북청에 유배되어 죽으니, 후인들이 사당을 세워 향사하였다.

여단(厲壇) 부 북쪽에 있다.

89 이항복(李恒福) 사당 : 이항복이 인목대비(仁穆大妃) 폐비론에 반대하는 직간을 하였다가 1617년(광해군9)에 북청으로 귀양 와서 죽었다. 사당은 1627년(인조5)에 건립되었고, 1687년(숙종13)에 노덕서원(老德書院)으로 사액되었다. 《新增東國輿地勝覽 卷49 咸鏡道 北靑都護府 祠院》

사찰 寺刹

안정사(安靜寺), 일요사(日曜寺) 모두 대덕산에 있다.

진정사(鎭淨寺) 부 북쪽 20리, 평지에 있다.

고적 古蹟

홍도동산성(弘道洞山城) 부 북쪽 7리에 있다. 돌로 쌓았다. 둘레가 6780자이다. 지금은 절반이 무너지고 떨어져 나갔다.

이망지산성(泥亡只山城) 부 북쪽 19리에 있다. 돌로 쌓았다. 둘레가 4975자이다. 지금은 절반이 무너지고 떨어져 나갔다.

다탄대산성(多灘台山城) 부 남쪽 15리에 있다. 돌로 쌓았다. 둘레가 1621자이다. 지금은 허물어졌다.

허천평성(虛川坪城) 부 동쪽 34리에 있다. 흙으로 쌓았다. 둘레가 3497자이다. 지금은 없어졌다.

장진포고수(長津浦古戍) 부 동쪽 47리에 있다. 본부의 선졸(船卒 수군)이 방수(防戍)하던 곳인데, 지금은 없어졌다.

명환 名宦

본조

정윤서(鄭允諝) 북청 판관(北青判官)이 되었다.

인물 人物

본조

이지란(李之蘭) 초명은 두란첩목아(豆蘭帖木兒)로, 여진(女眞)의 천호(千戶) 아라불화(阿羅不花)의 아들이다. 근력이 남보다 훨씬 뛰어나고 말타기와 활쏘기를 잘하였다. 우리 태조를 따라다니며 여러 차례 전공을 세워 개국 공신(開國功臣) 문하시랑찬성사(門下侍郎贊成事)가 되고, 청해군(靑海君)에 봉해졌다. 태조 묘정에 배향되었다.

단천군端川郡

동쪽으로 길주성(吉州城) 경계까지 66리이다. 남쪽으르 이성현(利城縣) 경계까지 37리이다. 서쪽으로 같은 현 경계까지 45리, 갑산부(甲山府) 경계까지 186리이다. 북쪽으로 야인(野人) 지역 경계까지 170리이다. 서울과의 거리는 1278리이다.

한전 旱田

수전 水田

건치연혁 建置沿革

본래 고구려 지역이다. 뒤에 발해에 함락되고 이어서 여진(女眞)의 점령지가 되어 오림금촌(吳林金村)이라고 불렸다. 고려 예종(睿宗) 2년(1107)에 윤관(尹瓘)을 보내 여진을 축출하고 복주(福州)를 설치하였다가 4년(1109)에 이 지역을 여진에게 돌려주었다. 뒤에 원(元)나라 지역에 편입되어 독로올(禿魯兀)이라고 칭하였다. 공민왕(恭愍王) 때에 그 지역을 회복하여 복주를 설치하였고, 신우(辛禑) 때에 단주(端州)로 고쳤다. 본조 태종(太宗) 13년(1413)에 고쳐 단천군으로 삼았다. 관장하는 면은 9개이다.

관원

군수(郡守), 훈도(訓導) 각 1인이다.

군명 郡名

복주(福州), 단주(端州)

형승 形勝

마운령(磨雲嶺)이 그 앞에 우뚝하고, 마천령(磨天嶺)이 그 뒤에 솟아 있다. 본조 이안눌(李安訥)의 시 서문(序文)[90]에 "단천은 옛 여진 땅으로 연해 지역을 다스리며, 땅은 음산(陰山)[91]과 접해 있다. 마운령이 그 앞에 우뚝하고 마천령이 그 뒤에 솟아 있다."라고 하였다.

90 이안눌(李安訥)의 시 서문(序文) : 〈단주록(端州錄)〉에 실린 〈마운곡 2전(磨雲曲二轉)〉, 〈마천곡 2전(磨天曲二轉)〉, 〈관산사 3결(關山詞三闋)〉의 서문이다. 《東岳集 卷6》

91 음산(陰山) : 음산산맥을 말한다. 《계산기정》에 "무려(巫閭)는……동쪽으로 가서는 우리나라의 장백산이 되었다."라고 하였는데, 무려는 의무려산(醫巫閭山)으로 음산산맥의 줄기이다. 《薊山紀程 卷2 渡灣》 여기서 장백산은 백두산으로, 백두산에서 뻗어 온 마천령, 마운령을 통칭하여 말한 듯하다.

산천 山川

도덕산(道德山) 군 서쪽 23리에 있다. 진산(鎭山)이다.

증산(甑山) 군 서쪽 2리에 있다.

천봉산(天鳳山) 군 서쪽 26리에 있다.

말흘라산(末訖羅山) 군 동쪽 8리에 있다.

오봉산(五峯山) 군 서남쪽 30리에 있다. 이성현에도 보인다.

회산(迴山) 군 남쪽 10리에 있다.

덕응주산(德應州山) 군 동쪽 20리에 있다.

마운령(磨雲嶺) 군 남쪽 37리, 이성현 경계에 있다. 예전에는 두을외대령(豆乙外大嶺)이라고 불렀다. 그 높고 험준함이 운무(雲霧)를 뚫고 나가므로 마운이라고 하였다. 이성현에도 보인다. ○ 본조 허적(許樀)의 시에,

처음 마운령에 올랐는데	始上磨雲嶺
마운의 기세 웅장하구나	磨雲氣勢雄
큰 골짝 밟으며 힘차게 치달려	奔騰蹂大壑
우뚝 솟아 창공을 가르네	突兀擘蒼穹
몸은 속세 밖으로 벗어나고	身出塵埃外
정신은 항해 속에 노니네	神遊沆瀣中
조화의 기묘함 무궁하여라	無窮元化妙
묻노니 어느 곳이 홍몽[92]인가	何處問鴻濛

하였다. ○ 본조 김세렴(金世濂)의 시[93]에,

92 홍몽(鴻濛) : 천지의 원기(元氣)를 뜻하는 말로 마운령의 형시를 비유한 것이다.

93 김세렴(金世濂)의 시 : 〈마운령(磨雲嶺)〉이다. 《東溟集 卷5》

층층의 산봉우리 끝없이 올라가 層峯上不極
계속 이어져서 구름 밖에 나갔네 袞袞出雲端
올라와 보니 그저 상쾌하기만 하니 只覺登臨爽
오르내리기 어렵다고 말할 것 없지 寧辭陟降難
땅은 아득하여 남쪽 끝까지 다하고 地遙南極盡
하늘은 툭 트이어 북쪽 바다가 드넓네 天拆北溟寬
봉래와 원교[94]는 연파 너머에 있어 蓬嶠煙濤外
공연히 흰 난새[95] 타고 가고 싶어지네 空懷駕白鸞

하였다.

마천령(磨天嶺) 군 동북쪽 66리, 길주(吉州) 경계에 있다. 예전에 이판령(伊板嶺)이라고 불렀으니, 여진 사람들이 소〔牛〕를 이판(伊板)이라고 한다. 세속에서 전하기를 "예전에 어떤 사람이 산 아래에서 송아지를 팔았는데 그 어미 소가 송아지를 찾으러 재를 넘어갔다. 소 주인이 뒤따라가서 이로 인해 길이 났으므로 그렇게 이름하였다."라고 한다. 높고 험하기가 마운령과 서로 비슷하다. 본조 정두경(鄭斗卿)의 시[96]에 "마천령의 고개 위에 올라 보지 않고서는, 하늘 오르는 것만큼 힘든 줄을 뉘 알리오. 지형은 절로 삼한 땅 중의 험지가 되었으며, 바다 기운은 유월에도 추워 덜덜 떨게 하네.〔不向磨天嶺上看 誰知行路上天難 地形自作三韓險 海氣能令六月寒〕"라고 한 것이 이곳이다. 길주에도 보인다.

94 봉래(蓬萊)와 원교(圓嶠) : 모두 발해에 있다는 선산의 이름이다.
95 흰 난새〔白鸞〕 : 봉황새의 일종으로 신선들이 타는 선조(仙鳥)이다.
96 정두경(鄭斗卿)의 시 : 〈마천령 위에서 짓다〔磨天嶺上作〕〉이다. 《東溟集 卷7》

홍군파(紅軍坡) 군 북쪽 132리에 있다.

황토령(黃土嶺) 군 서쪽 250리, 갑산부 경계에 있다. 본조 이안눌의 시[97]에 "서쪽으로 황토령에 올라, 북쪽으로 백두산을 가리킨다.〔西登黃土嶺 北指白頭山〕"라고 한 것이 이곳이다.

어파동(於把洞) 군 북쪽 87리에 있다.

이동(梨洞) 군 북쪽 61리에 있다.

오갈암(烏曷巖) 군 남쪽 13리, 바다 안에 있다. 그 형상이 마치 돛대와 같아서 물새들이 그 위에 떼 지어 모여드니, 세속에서 그것을 칭하여 오갈암이라고 하였다. 오갈은 물새 이름이다.

도라화산(都羅和山) 군 북쪽 15리에 있다.

두언대평(豆彦台坪) 군 남쪽 10리에 있다. 목장이 있다.

바다〔海〕 군 동쪽 10리에 있다.

보이천(甫耳川) 군 남쪽 10리에 있다. 원류는 신동(新洞)에서 나와 동쪽으로 흘러 파독천(波獨川)과 합한다.

파독천(波獨川) 군 남쪽 2리에 있다. 그 원류는 갑산부 경계의 쌍청동(雙靑洞)에서 나와 채금동(採金洞)을 지나 군 남쪽 5리에 이르고, 남쪽으로 흘러 바다에 들어간다.

이마이천(泥麽耳川) 군 동쪽 20리에 있다. 또 쌍청동에서도 나오는데, 덕응주산을 지나 남쪽으로 20여 리 흘러 바다에 들어간다.

쌍성진(雙城津) 군 동쪽 20리에 있다.

오라퇴진(吾羅退津) 군 동쪽 40리에 있다.

97 이안눌의 시 : 〈황토령에서 짓다〔黃土嶺作〕〉이다. 《東岳集 卷6》

사을포진(斜乙浦津) 군 동쪽 25리에 있다.

노동반포(路洞反浦) 군 남쪽 21리에 있다.

난도(卵島) 군 동쪽 21리, 바다 안에 있다.

토산 土產

명주실〔絲〕, 삼〔麻〕, 은(銀), 철(鐵), 연철(鉛鐵), 모두 토라산(吐羅山)에서 난다. 사색옥(四色玉), 청색, 황색, 백색, 흑색 모두 이동에서 난다. 석유황(石硫黃), 오을족(吳乙足) 북쪽 봉우리 밑에서 난다. 화피(樺皮), 꿀〔蜂蜜〕, 황랍(黃蠟), 복령(茯苓), 오미자(五味子), 잣〔海松子〕, 인삼(人蔘), 지치〔紫草〕, 석이버섯〔石蕈〕, 매〔鷹〕, 영양(羚羊), 사향(麝香), 담비〔貂〕, 청서(靑鼠), 황서(黃鼠), 수달(水獺), 해달(海獺), 소금〔鹽〕, 대구어(大口魚 대구), 문어(文魚), 은어(銀魚 도루묵), 전복〔鰒〕, 방어(魴魚), 삼치〔麻魚〕, 비목어(比目魚), 조개〔蛤〕, 홍합(紅蛤), 자해(紫蟹), 게〔蟹〕, 연어(鰱魚), 송어(松魚), 고등어〔古刀魚〕, 황어(黃魚), 해삼(海蔘), 미역〔藿〕, 해대(海帶 다시마), 속명은 탑사마(塔士麻)이다. 곤포(昆布)

성곽 城郭

군성(郡城) 돌로 쌓았다. 둘레가 3968자이다. -원문 1, 2자 결락-에 문이 있고, 성안에 우물이 3개 있다. 세종(世宗) 31년(1449)에 쌓았다.

공서 公署

오을족 만호진(吾乙足萬戶鎭) 군 북쪽 102리에 있다. 석성이고 둘레가 860자이다.

신증 新增

옮겨서 옛 진 북쪽 60리에 있다. 석성이고 둘레가 1800자이다. 중종(中宗) 24년(1529)에 만호(萬戶)를 두었다.

학교 學校

향교(鄕校) 군 동쪽 2리에 있다.

궁실 宮室

객관(客館) 정몽주(鄭夢周)의 시[98]에,

아, 오랜동안 객지 생활하는 나의 행로여	久客嗟吾道
해가 지나도 아직 쉬지 못하네	經年尙未休
봄바람 불 때는 요동의 벌판을 달리고	春風遼左路
가을비 내릴 때는 바다 동쪽 끝에 있구나	秋雨海東頭
이 한 몸 말안장에 의지한 채 멀리 왔는데	鞍馬一身遠
산과 물은 천고의 세월 그대로이네	山河千古秋

98 정몽주(鄭夢周)의 시 : 〈단주성(端州城)〉이다. 《圃隱集 卷2》

금원[99] 호협들의 소굴이었던 이곳 金源豪俠窟

오늘날에는 황폐한 무덤만 남았구나 今日但荒丘

하였다.

연정(蓮亭) 군성 서쪽에 있다.

읍호정(挹灝亭) 군 남쪽 2리에 있다. ○ 본조 민제인(閔齊仁)의 시[100]에,

거대 누각 깎아지른 언덕 꼭대기에 우뚝 서서 傑構峥嵘斷壟頭

올라가 임하니 홍이 넘쳐 거두기 어려워라 登臨逸興浩難收

산은 너른 들판 안고서 구름에 덮여 아득하고 山包大野兼雲逈

하천은 편평한 교외 가로질러 바다에 흘러드네 川割平郊接海流

하였다.

봉수 烽燧

말흘라 봉수(末訖羅烽燧) 동쪽으로 오라퇴(吾羅退)에 응하고, 서쪽으로 파독지(波獨只)에 응하고, 북쪽으로 수차덕(水差德)에 응한다.

오라퇴 봉수(吾羅退烽燧) 군 동쪽 45리에 있다. 서쪽으로 말흘라에 응하고, 남쪽으로 수차덕에 응하고, 동쪽으로 호타리(胡打里)에 응한다.

호타리 봉수(胡打里烽燧) 군 동쪽 65리에 있다. 서쪽으로 오라퇴에 응하고, 동쪽으로 길주의 벌장포(伐長浦)에 응한다.

99 금원(金源) : 금(金)나라의 별칭이다.

100 민제인(閔齊仁)의 시 : 〈단천의 읍호정 시에 차운하다〔次端川挹灝亭韻〕〉이다. 《立巖集 卷3》

수차덕 봉수(水差德烽燧) 군 북쪽 42리에 있다. 남쪽으로 말흘라에 응하고, 북쪽으로 국사당(國祠堂) 및 오라퇴에 응한다.

국사당 봉수(國祠堂烽燧) 군 북쪽 73리에 있다. 남쪽으로 수차덕에 응하고, 북쪽으로 오을족구자 북봉(吾乙足口子北峯)에 응한다.

오을족구자 북봉 봉수(吾乙足口子北峯烽燧) 군 북쪽 108리에 있다. 남쪽으로 국사당에 응한다.

파독지 봉수(波獨只烽燧) 군 서쪽 10리에 있다. 남쪽으로 이성현의 마운령(磨雲嶺)에 응하고, 북쪽으로 장항(獐項)에 응하고, 동쪽으로 말흘라에 응한다.

장항 봉수(獐項烽燧) 군 북쪽 35리에 있다. 남쪽으로 파독지에 응하고, 북쪽으로 고소리(古所里)에 응한다.

고소리 봉수(古所里烽燧) 군 북쪽 65리에 있다. 남쪽으로 장항에 응하고, 북쪽으로 가사(家舍)에 응한다.

가사 봉수(家舍烽燧) 군 북쪽 92리에 있다. 남쪽으로 고소리에 응하고, 북쪽으로 쌍청구자 북봉(雙靑口子北峯)에 응한다.

쌍청구자 북봉 봉수(雙靑口子北峯烽燧) 군 북쪽 127리에 있다. 남쪽으로 가사에 응한다.

신증新增

신오을족보 백덕 봉수(新吾乙足堡柏德烽燧) 보(堡) 동쪽 10리에 있다. 동쪽으로 길주의 응봉(鷹峯)에 응하고, 서쪽으로 은룡덕(隱龍德)에 응한다.

은룡덕 봉수(隱龍德烽燧) 신오을족보 남쪽 20리에 있다. 동쪽으로 백덕에 응하고, 서쪽으로 검의덕(檢義德)에 응한다.

검의덕 봉수(檢義德烽燧) 신오을족보 서쪽 30리에 있다. 동쪽으로 은룡덕에 응하고, 서쪽으로 신쌍청보 북봉(新雙靑堡北峯)에 응한다.

신쌍청보 북봉 봉수(新雙靑堡北峯烽燧) 보 북쪽 4리에 있다. 남쪽으로 곽령(藿嶺)에 응한다.

곽령 봉수(藿嶺烽燧) 신쌍청보 남쪽 10리에 있다. 남쪽으로 가사에 응한다.

우역 郵驛

시리역(施利驛) 예전에는 실리(失里)라고 칭하였다. 군성 남쪽에 있다.

기원역(基原驛) 군 남쪽 3리에 있다.

마곡역(麻谷驛) 군 북쪽 45리에 있다. 우리 태종 9년(1409)에 처음 설치하였다.

영제원(永濟院) 군 북쪽 80리에 있다.

충신원(忠信院) 군 남쪽 40리에 있다.

관량 關梁

쌍청보(雙靑堡) 군 서쪽 □□리에 있다. 석성이고, 둘레가 840자이다. 예전에 방수군(防戍軍)이 있었는데, 연산군(燕山君) 때에 권관(權管)을 차하하여 지키게 하였다.

증산보(甑山堡) 군 서쪽 190리에 있다. 공희왕(恭僖王 중종) 때에 권관을 차하하여 지키게 하였다.

사묘 祠廟

사직단(社稷壇) 군 서쪽에 있다.

문묘(文廟) 향교에 있다.

성황사(城隍祠) 증산에 있다.

여단(厲壇) 군 북쪽에 있다.

사찰 寺刹

동덕사(東德寺)

서덕사(西德寺)

옥룡사(玉龍寺) 천봉산에 있다.

화장사(花藏寺), 노동사(蘆洞寺) 모두 오봉산에 있다.

고적 古蹟

고단주(古端州) 아다리(阿多里)에 있다. 지금 군 치소와의 거리가 서쪽으로 13리이다.

도덕산성(道德山城) 돌로 쌓았다. 둘레가 3928자인데, 지금은 없어졌다.

덕응주산성(德應州山城) 돌로 쌓았다. 둘레가 2072자이다. 안에 큰 못이 있는데, 지금은 절반이 허물어졌다.

인연현산성(因緣峴山城) 군 서쪽 10리에 있다. 들로 쌓았다. 둘레가 2098자인데, 지금은 없어졌다.

고영회산성(古營回山城) 군 남쪽 7리에 있다. 들로 쌓았다. 둘레가 2098자인데, 지금은 없어졌다.

보이현산성(甫耳峴山城) 군 남쪽 15리에 있다. 돌로 쌓았다. 둘레가 968자인데, 지금은 없어졌다.

노동산성(路洞山城) 군 남쪽 25리에 있다. 돌로 쌓았다. 둘레가 737자인데, 지금은 없어졌다.

마운령장성(磨雲嶺長城) 그 끝이 바다에 이른다.

노동소루(路洞小壘) 군 남쪽 40리에 있다.

마곡재소루(麻谷岾小壘) 노동소루와 함께 정해년(1467, 세조13)에 이시애(李施愛)를 정벌할 때에 관군이 쌓은 것이다.

신증 新增

오을족폐진(吾乙足廢鎭) 중종 24년(1529)에 혁파하였다.

명환 名宦

본조

강찬(姜燦) 선조(宣祖) 때에 이조 좌랑을 거쳐 외직으로 나가 단천 군수(端川郡守)가 되었는데, 관직 생활이 청렴결백하였다. 다음 해 임금이 서쪽으로 행차할 때 왜적이 북관(北關)에 들어오자 회령(會寧)에서 백성이 모반하여 왕자와 재신을 포로로 잡고 왜적에게 항복하였다.[101] 강찬은 민중들

101 회령(會寧)에서……항복하였다 : 임진왜란 때 회령에 유배되어 그곳의 아전으로 있던 국경인(鞠景仁)이 임해군(臨海君)과 순화군(順和君), 종실 및 황정욱(黃廷彧), 김귀영(金貴

에게 맹세하고 의로운 선비들을 규합하여 누차 적의 선봉을 꺾었다. 조정에서 그 일을 듣고 안진경(顔眞卿)[102]이 다시 나왔다고 하였다. 통정대부로 승진되고, 오랜 뒤에 조정에 들어가 승지가 되었다.

열녀 列女

동씨(童氏) 보인(保人) 김천합(金天合)의 아내이다. 본조 선조 때에 왜적의 포로가 되었는데 모욕당할 것을 면치 못할 줄을 알고 스스로 물에 빠져 죽었다. 같은 고을에 최씨(崔氏)도 있었는데 나이 18세로, 또한 왜적에게 겁박당하자 항거하다가 굽히지 않고 물에 빠져 죽었다.

榮), 황혁(黃赫) 등 대신을 왜적에게 넘겨주었다.

102 안진경(顔眞卿) : 당(唐)나라 현종(玄宗) 때의 충신이자 서예가이다. 평원 태수(平原太守)로 있으면서 안녹산(安祿山)이 배반할 것을 알아차리고 미리 그에 대비하였다. 후에 안녹산이 반란을 일으키자 하북(河北)의 24개 군이 모두 무너졌지만 안진경은 의병을 일으켜 적병을 토벌하였다. 현종이 기뻐하면서 "나는 안진경이 어떤 사람인지도 모르는데 그가 이렇게 훌륭한 일을 하는구나." 하였다. 《舊唐書 顔眞卿列傳》

이성현利城縣

동쪽으로 단천군(端川郡) 경계까지 45리이다. 북쪽으로 같은 군 경계까지 24리이다. 남쪽으로 북청부(北靑府) 경계까지 37리이다. 서쪽으로 같은 부 경계까지 43리이다. 서울과의 거리는 1189리이다.

한전 旱田

수전 水田

건치연혁 建置沿革

본래 고구려 지역이다. 뒤에 발해에 함락되고 이어서 여진(女眞)의 점령지가 되어 시리(時利)라고 칭하였다. 고려 때에 복주(福州) 지역이 되었다. 본조에 이르러 복주를 고쳐 단천(端川)으로 삼고, 세종(世宗) 18년(1436)에 단천 마운령(磨雲嶺) 이남 지역 및 북청부 동쪽 경계를 떼어 내 이성현을 설치하였다. 관장하는 면은 3개이다.

관원

현감(縣監), 훈도(訓導) 각 1인이다.

군명 郡名

산천 山川

진산(鎭山) 현 서쪽 22리에 있다.

성산(城山) 현 서쪽 8리에 있다.

영취산(靈鷲山) 현 남쪽 25리에 있다.

회산(檜山) 현 서쪽 40리에 있다. 가뭄이 들 때 비를 빌면 매번 응험이 있다.

오봉산(五峯山) 현 북쪽 15리에 있다.

운달산(雲達山) 현 북쪽 16리에 있다.

궐파산(蕨坡山) 현 서쪽 35리, 북청부 경계에 있다.

좌익령(佐翼嶺) 현 북쪽 35리, 단천군 경계에 있다.

만령(蔓嶺) 현 남쪽 37리에 있다. 북청부에 자세히 보인다.

마운령(磨雲嶺) 현 동쪽 44리, 단천군 경계에 있다. 위에 옛 관문(關門)의 석추(石樞)[103]가 남아 있으니, 문현(門峴)이라고도 한다.

다포산(多布山) 현 남쪽 34리에 있다.

오갈암(烏曷巖) 현 동쪽 30리, 바다 안에 있다.

103 석추(石樞) : 추석(樞石)과 같은 말로 지도리로 쓰는 돌을 말한다.

형제암(兄弟巖) 현 동쪽 23리에 있다. 크고 작은 바위가 대치(對峙)하고 있기 때문에 이렇게 이름하였다.

바다〔海〕 현 동쪽 5리에 있다.

난도(卵島) 현 동쪽 30리, 바다 안에 있다.

가차도(加次島) 난도와 대치해 있다.

초피도(椒皮島) 현 남쪽 35리, 바닷가에 있다.

천곶(穿串) 현 남쪽 30리에 있다. 홍문(虹門)[104]같이 생긴 바위가 있다.

소천(小川) 현 남쪽 3리에 있다.

나하동(羅下洞) 현 남쪽 45리에 있다.

토산 土産

명주실〔絲〕, 삼〔麻〕, 옻〔漆〕, 철(鐵), 나하동에서 난다. 화피(樺皮), 지치〔紫草〕, 인삼(人蔘), 오미자(五味子), 석이버섯〔石蕈〕, 석지(石脂), 꿀〔蜂蜜〕, 황랍(黃蠟), 매〔鷹〕, 담비〔貂〕, 청서(靑鼠), 황서(黃鼠), 사향(麝香), 수달(水獺), 해달(海獺), 소금〔鹽〕, 비목어(比目魚), 대구어(大口魚 대구), 송어(松魚), 고등어〔古刀魚〕, 홍어(洪魚), 방어(魴魚), 삼치〔麻魚〕, 은구어(銀口魚 은어), 문어(文魚), 연어(鰱魚), 청어(靑魚), 은어(銀魚 도루묵), 전복〔鰒〕, 조개〔蛤〕, 홍합(紅蛤), 게〔蟹〕, 해삼(海蔘), 미역〔藿〕, 해대(海帶 다시마)

104 홍문(虹門) : 홍예문(虹蜺門)으로, 관청 등의 전후에 세우는 반원형의 문이다. 무지개 모양과 같다 하여 붙여진 이름이다.

학교學校

향교(鄕校) 현 동쪽 1리에 있다.

궁실宮室

객관(客館)

호호정(浩浩亭) 객관 동쪽에 있다. 동쪽으로 큰 바다가 보이고, 앞에는 평평한 들이 임하여 있다. ○ 본조 민제인(閔齊仁)의 시[105]에,

즐비한 봉우리 푸르고 맑은 물굽이 둘러 있으니	亂峯環翠又淸灣
하늘이 이 정자 위해 아껴 둔 비경을 드러낸 듯	天爲玆亭發秘慳
향기로운 풀은 관문 밖에서 길 헤매게 하는데	芳草欲迷關外路
묵은 구름이 외려 바다 속의 산에 머물러 있네	宿雲猶帶海中山
반쯤 걷힌 주렴 밖에 이화우가 봄빛을 재촉하고	半簾梨雨催春色
골에 가득한 솔바람이 취한 얼굴에 들어오네	滿壑松風入醉顔
기둥에 기대 한껏 바라보니 큰 바다 작아져서	倚柱縱觀溟渤小
붕정만리도 다만 한번 뛰면 갈 듯하네	鵬程直在一超間

하였다.

시중대(侍中臺) 현 동쪽 30리, 북청부 경계에 있다. 앞에 큰 바다가 임해 있다. -원문 6, 7자 결락- 그러므로 이렇게 이름하였다. ○ 본조 황정욱(黃廷彧)이 시중대에서 바다를 바라보며 지은 시[106]에,

105 민제인(閔齊仁)의 시 : 〈이성 호호정 시에 차운하다〔次利城浩浩亭韻〕〉이다. 《立巖集 卷3》

106 황정욱(黃廷彧)이……시 : 〈이성 동헌 시에 차운하다〔次利城東軒韻〕〉 중 〈바다를 읊다

동으로 눈 닿는 데까지 푸른 바다 죄다 끌어오니 目力東收碧海來
망망대해가 정자 누대 아래에 있네 茫茫溟渤在亭臺
높고 낮은 천지가 수레바퀴처럼 굴러가고 兩儀高下輪輿轉
홍몽한 태극 속에 홍정이 열려 있네[107] 太極鴻濛汞鼎開
주궁패궐이 눈앞에 생기더니 貝闕珠宮生睇眄
풍이 하백[108]이 바람과 뇌성을 보내네 馮夷河伯送風雷
시절 위태롭고 전쟁도 여전히 그와 같으니 時危兵甲猶如許
누가 창파 끌어다 병갑 씻어 돌려놓을까[109] 誰挽滄波洗得回

하였다. ○ 본조 허적(許樀)의 시[110]에,

영해를 아득히 더듬어 천리를 찾아와서 嶺海冥搜千里來
맑은 가을에 멀리 시중대를 바라보네 淸秋聘望侍中臺
짙은 구름 맑게 개어 푸른 하늘 멀어지고 陰雲澄霽碧天遠
지는 해 휘황하여 은빛 파도 펼쳐졌네 落景輝煌銀浪開
바로 하늘 끝을 보매 날씨 조짐이 드러나니 正睹端倪露氣象
문득 지척에서 바람 우레 일어날까 근심하네 却愁咫尺生風雷

〔詠海〕〉이다. 《芝川集 卷2》

107 높고……있네 : 하늘땅이 위아래에서 조화를 이루는 모습과 태초 같은 혼돈한 광경 속에 은백색의 바다가 펼쳐져 있는 것을 비유한 말이다.

108 풍이(馮夷) 하백(河伯) : 풍이와 하백은 동일한 신 이름으로 중복해서 호칭한 것이다. 물을 맡은 신을 말한다.

109 누가……돌려놓을까 : 전쟁이 종식되고 태평 시대가 돌아오기를 바란다는 뜻이다. 두보(杜甫)의 〈세병마행(洗兵馬行)〉에 "어떻게 하면 장사를 구해 은하수를 끌어다가, 갑옷 무기 깨끗이 씻어 길이 쓰지 않게 할까.〔安得壯士挽天河, 淨洗甲兵長不用.〕" 하였다.

110 허적(許樀)의 시 : 〈이성 객사 벽에 걸린 시에 차운하다〔次利城客舍壁上韻〕〉 중 〈바다〔海〕〉이다. 《水色集 卷2》

뗏목 타고 간 이 약초 캐러 간 이들[111] 모두 어쩔거나 乘槎採藥俱無那

갈매기와 노느라 오랫동안 돌아가지 못하네 坐狎沙鷗久不回

하였다.

봉수 烽燧

다포산 봉수(多布山烽燧) 북쪽으로 마운령(磨雲嶺)에 응하고, 서쪽으로 북청(北青)의 소응거대(所應居代)에 응한다.

마운령 봉수(磨雲嶺烽燧) 북쪽으로 단천군의 파독지(波獨只)에 응하고, 남쪽으로 다포산에 응한다.

우역 郵驛

시리역(施利驛) 현 남쪽 4리에 있다.

곡구역(谷口驛) 현 동쪽 35리에 있다.

보은원(普恩院) 현 남쪽 15리에 있다.

원동원(院洞院) 현 서쪽 35리에 있다.

111 뗏목……이들 : 뗏목 타고 간 이는 한(漢)나라 장건(張騫)을 말한다. 장건이 무제(武帝)의 명을 받고 대하(大夏)에 사신으로 나가서 황하(黃河)의 근원을 찾았는데, 이때 뗏목을 타고 은하수로 올라가 견우와 직녀를 만나고 왔다는 고사가 있다.《天中記 卷2》 약초 캐러 간 이들은, 진 시황(秦始皇)의 명을 받아 방사(方士) 서복(徐福)이 동남동녀(童男童女) 수천 명을 데리고 불사약을 찾으러 배를 타고 신선이 사는 동해(東海)의 봉래산(蓬萊山)으로 떠났다는 고사가 있는데, 이들을 말한다.《史記 秦始皇本紀》

관량 關梁

마운령관(磨雲嶺關) 마운령 위에 있다. 예전에 산 정상을 따라 행성(行城)을 쌓고 관문을 설치하여 오랑캐를 방어하였다. 지금 문기(門基)와 석추가 남아 있다. 길이 몹시 높고 험하여 본조 김수령(金壽寧)의 시에 "조도 삼천 리를 옛말로 들었더니, 양장 백팔 구비를 이제 올랐구나.〔舊聞鳥道三千里今陟羊腸百八盤〕"라고 한 것이 이곳이다.

사묘 祠廟

사직단(社稷壇) 현 서쪽에 있다.

문묘(文廟) 향교에 있다.

성황사(城隍祠) 성산에 있다.

여단(厲壇) 현 북쪽에 있다.

사찰 寺刹

한당사(閑堂寺) 운달산에 있다.

송림사(松林寺) 오봉산에 있다.

반룡사(盤龍寺) 진산에 있다.

난암사(卵巖寺) 운취산(雲鷲山)에 있다.

고적 古蹟

성산고성(城山古城) 돌로 쌓았다. 둘레가 995자이다. 지금은 없어졌다.

시간산성(時間山城) 현 동쪽 26리에 있다. 돌로 쌓았다. 둘레가 912자이다. 지금은 없어졌다.

명환 名宦

본조

김극성(金克誠) 이성 현감(利城縣監)이 되었다.

홍원현洪原縣

동쪽으로 북청부(北靑府) 경계까지 53리이다. 남쪽으로 해안까지 4리이다. 서쪽으로 함흥부(咸興府) 경계까지 37리이다. 북쪽으로 같은 부 경계까지 64리이다. 서울과의 거리는 975리이다.

한전 旱田

수전 水田

건치연혁 建置沿革

본래 고구려 지역이다. 뒤에 발해에 함락되고 이어서 여진(女眞)의 점령지가 되어 홍긍(洪肯)이라고 칭하였다. 고려 말에 홍헌현(洪獻縣)을 설치하였다. 본조 태조(太祖) 때에 홍원(洪原)으로 고치고 그대로 함흥부에 편입시켰다. 공정왕(恭定王 태종) 2년(1402)에 떼어 내 홍원현(洪原縣)을 설치하였다가 조금 뒤에 도로 함흥에 편입시켰다. 장헌왕(莊憲王 세종) 15년(1433)에 다시 현을 설치하였다. 관장하는 면은 3개이다.

관원

현감(縣監), 훈도(訓導) 각 1인이다.

군명 郡名

홍헌(洪獻)

산천 山川

두무산(豆無山) 현 북쪽 85리에 있다.

황가라산(黃加羅山) 현 동쪽 35리에 있다.

대문령(大門嶺) 현 동쪽 30리쯤에 있다. 고개가 서쪽에서 동쪽으로 달리는 것이 있고 또 남쪽으로 뻗어 나가 바다에 이르기도 한다. 고개를 따라가면 서성(西城)이 있고 성에 세 개의 문이 있어 행로와 통하게 되는데, 서쪽 문을 대문(大門)이라 하고, 가운데 문을 중문(中門)이라 하고, 남쪽 문을 석문(石門)이라 한다. 석문은 바닷가에 있으며, 세 문 사이의 거리가 모두 3리쯤 된다. 신우(辛禑) 때에 심덕부(沈德符)가 왜적과 고개 북쪽에서 전투하였는데 크게 패하였다.

차유령(車踰嶺) 현 서쪽 50리, 함흥부 경계에 있다.

함관령(咸關嶺) 현 서쪽 27리, 함흥부 경계에 있다. 원(元)나라 승상 납합출(納哈出)이 삼살(三撒), 홀면(忽面) 지역을 침략하자 공민왕(恭愍王)이 우리 태조를 동북면 병마사(東北面兵馬使)로 삼아 파견하였다. 납합출 등이 달단동(韃靼洞)에 주둔하고 있었는데, 태조가 함관령을 넘어가 크게 싸워 패배시키니, 납합출이 드디어 달아났다.

태조가 군대를 지휘하면서 자신은 후군(後軍)이 되어 진지로 돌아가고 있었다. 고갯길이 구불구불하게 여러 층으로 나 있고 환관 이파라실(李波羅實)이 가장 아래 구비에 있었는데, 은갑(銀甲)을 착용한 두 명의 적장이 뒤쫓아 와서 창을 겨누어 찌르려 하고 있었다. 이때 태조가 말을 돌려 두 장수를 모두 쏘아 죽이고 바로 연이어 20여 명을 죽였다. 또 한 명의 적군이 나아와 화살을 쏘는 모습을 발견하고는 태조가 즉시 말 등에 올라서니 화살이 가랑이 사이로 빠져나갔다. 태조가 곧바로 말을 달려 적장의 무릎에 활을 쏘아 맞혔다. 또 하천 가운데서 한 적장을 만났는데, 갑옷과 투구에다 호항(護項 목 보호대)과 면갑(面甲 얼굴막이)을 갖추고 거기에 이갑(頤甲 턱막이)을 별도로 만들어서 입을 벌리기에 편리하게 하였으므로 몸을 매우 견고하게 보호하여 화살을 쏠 만한 틈이 없었다. 태조가 일부러 그 적장이 탄 말을 쏘니 말이 마구 날뛰었고, 말고삐를 끌어당기느라 힘을 주어 적장의 입이 벌어지자 태조가 그 벌어진 입을 겨냥해 쏘아 맞혔다. 이에 적이 크게 패해 달아나니 태조는 철기(鐵騎)를 몰아 짓밟았다. 이때 적들은 저희들끼리 서로 밟히고 깔렸으니, 죽이거나 사로잡은 적병 수가 매우 많았다.

묘봉산(妙峯山) 현 동쪽 35리에 있다. 동쪽에 석정(石井)이 있다.

조포산(照浦山) 현 동쪽 12리에 있다. 태조가 일찍이 이 산에서 사냥을 하였는데, 한 번 쏘아 두 마리 노루를 한꺼번에 꿰뚫었다.

바다〔海〕 현 남쪽 4리에 있다.

신익천(新翼川) 현 서쪽 4리에 있다. 원류는 두무산에서 나온다.

요원수(要原水) 현 동쪽 35리에 있다. 원류는 북청부 중산(中山)에서 나와 남쪽으로 흘러 바다에 들어간다.

천관도(穿串島) 현 남쪽 5리에 있다. 구멍이 있어 앞뒤로 통하고 그 뒤에서 활쏘기를 할 수 있다. ○ 본조 민제인(閔齊仁)의 시[112]에,

천도가 저 멀리 거대한 푸른 바다 삼키고	穿島遙呑碧海雄
봉래산이 솟는 파도 사이로 보이는 듯하네	蓬山疑見闊波中
천 겹 우뚝한 바위들이 구름을 연하여 아득한데	千重螺髻連雲逈
붕새 날아가는 만리 길[113]이 하늘 높이 보이네	萬里鵬程入望空

하였다.

마랑이도(馬郎耳島) 현 동쪽 58리에 있다. 목장이 있다.

문암(門巖) 현 남쪽 10리, 바닷가 언덕에 있다. 석벽(石壁)이 문처럼 서 있다.

토산 土産

명주실〔絲〕, **삼**〔麻〕, **석이버섯**〔石蕈〕, **잣**〔海松子〕, **인삼**(人蔘), **오미자**(五味子), **지치**〔紫草〕, **정석**(鼎石), **차유령**(車踰嶺) 아래에서 난다. **매**〔鷹〕, **해달**(海獺), **소금**〔鹽〕, **연어**(鰱魚), **방어**(魴魚), **송어**(松魚), **고등어**〔古刀魚〕, **은어**(銀魚 도루묵), **필어**(筆魚), **청어**(靑魚), **살조개**〔江搖柱〕, **광어**

112 민제인(閔齊仁)의 시 : 〈3월 1일 손님을 데리고 천도를 구람하면서 취기에 한 수를 지었다. 김 교관의 시를 차운한 것이다.〔三月初一日率賓佐遊穿島醉書一律次金校宫之韻〕〉이다. 《立巖集 卷3》

113 붕새……길 : 원대한 뜻을 품은 것을 비유하여 쓴 말이다. 《장자(莊子)》 〈소요유(逍遙遊)〉에 "붕새가 남쪽 바다로 날아갈 때는 물을 3천 리나 박차고 회오리바람을 타고 9만 리나 날아오른 뒤에야 6월의 대풍을 타고 남쪽으로 날아간다." 하였다.

(廣魚), 홍어(洪魚), 전복〔鰒〕, 홍합(紅蛤), 해삼(海蔘), 황어(黃魚), 문어(文魚), 삼치〔麻魚〕, 은구어(銀口魚 은어), 대구어(大口魚 대구), 비목어(比目魚), 게〔蟹〕, 자해(紫蟹), 미역〔藿〕, 고리마(古里麻)

학교 學校

향교(鄕校) 현 동쪽 1리에 있다.

궁실 宮室

객관(客館)

봉수 烽燧

황가라산 봉수(黃加羅山烽燧) 동쪽으로 북청부의 산개동(山芥洞)에 응하고, 남쪽으로 남산(南山)에 응한다.

남산 봉수(南山烽燧) 현 남쪽 2리에 있다. 서쪽으로 함흥부의 무을계(無乙界)에 응하고, 동쪽으로 황가라산에 응한다.

우역 郵驛

신은역(新恩驛) 현 서쪽 4리에 있다.

함원역(咸原驛) 현 서쪽 30리에 있다.

평포역(平浦驛) 현 동쪽 45리에 있다.

함관령원(咸關嶺院) 함관령 아래에 있다.

사묘 祠廟

사직단(社稷壇) 현 서쪽에 있다.

문묘(文廟) 향교에 있다.

성황사(城隍祠) 현 서쪽 2리에 있다.

여단(厲壇) 현 북쪽에 있다.

사찰 寺刹

은적사(隱寂寺), 중암사(中菴寺) 모두 두무산에 있다.

도솔암(兜率菴) 묘봉산에 있다.

고적 古蹟

요원산성(要原山城) 현 동쪽 35리에 있다. 돌로 쌓았다. 둘레가 984자이다. 지금은 절반이 허물어졌다.

열녀 列女

길씨(吉氏) 집에 불이 나자 시어머니를 구하기 위해 화염 속으로 뛰어들었다. 불길이 거세지며 미처 빠져 나오지 못하고 시어머니와 함께 죽었다. 본조 공희왕(恭僖王 중종) 2년(1507)에 정려(旌閭)하였다.

갑산도호부甲山都護府

동쪽으로 건주위(建州衛) 동량북(東良北) 경계까지 105리이다. 남쪽으로 단천군(端川郡) 경계까지 90리, 북청부(北青府) 경계까지 132리이다. 서쪽으로 삼수군(三水郡) 경계까지 65리이다. 북쪽으로 혜산진(惠山鎭)까지 115리이다. 서울과의 거리는 1383리이다.

한전 旱田

수전 水田

건치연혁 建置沿革

본래 고구려 지역이다. 뒤에 발해에 함락되고 이어서 여진(女眞)의 점령지가 되어 허천부(虛川府)라고 칭하였다. 병란으로 인해 황폐해졌는데, 고려 공민왕(恭愍王) 때에 갑주만호부(甲州萬戶府)를 설치하였다. 본조 태종(太宗) 13년(1413)에 고쳐 갑산군(甲山郡)으로 삼고, 세종(世宗) 19년(1437)에 진(鎭)을 설치하였으며, 세조(世祖) 7년(1461)에 도호부로 승격시키고 그대로 진으로 삼았다. 관장하는 면은 □□개이다.

관원

부사(府使), 교수(敎授) 각 1인이다.

군명 郡名

허천(虛川), 갑주(甲州)

형승 形勝

경계가 야인(野人) 땅과 닿아 있다.

지세가 극히 높고 험한 산이 많다. 삼수군과 같다.

겹겹의 고개와 첩첩산중에 끼어 있다. 본조 김세렴(金世濂)의 북쪽 지방에 대해 논한 장계(論北地狀)[114]에 "삼수와 갑산은 겹겹의 고개와 첩첩산중에 끼어 있습니다."라고 하였다.

풍속 風俗

풍속이 질박하고 사람들이 대부분 용감하고 힘이 있다.

토양의 기운이 차고 항상 동굴에서 살고 있다. 모두 지지(地志)에 나온다.

거주민들은 구맥(瞿麥)을 양식으로 삼는다. 지대가 극히 높고 춥다. 3월에도 눈이 있고 7월에 서리가 내리니, 오곡이 자라지 못하여 거주민들은 오

114 김세렴(金世濂)의……장계 : 〈삼갑구황장(三甲救荒狀)〉이다. 《東溟集 卷7》

직 조(粟)와 구맥을 양식으로 삼는다.

산천 山川

천봉산(天鳳山) 부 동쪽 8리에 있다. 진산(鎭山)이다.

장평산(長平山) 부 동쪽 15리에 있다.

오음회령(吾音會嶺) 부 서쪽 50리에 있다.

마본령(馬本嶺) 부 남쪽 132리, 북청부 경계에 있다.

웅이령(熊耳嶺) 부 남쪽 64리에 있다.

응덕령(鷹德嶺) 부 남쪽 106리에 있다.

아질간령(阿叱間嶺) 부 북쪽 55리에 있다.

오로촌령(吾老村嶺) 부 남쪽 90리, 단천군 경계에 있다.

혜산령(惠山嶺) 부 북쪽 90리에 있다.

봉천대(奉天臺)

우라한령(于羅漢嶺) 혜산(惠山) 동북쪽 70여 리에 있다. 바로 백두산(白頭山) 남쪽 줄기이다. 예전에 몽라골령(蒙羅骨嶺)이라 칭하였다. 처음과 끝이 길게 수백 리를 뻗어 나갔으니 나라 안의 산맥이 모두 여기에 근본을 두고 있다. 회령부(會寧府)에도 보인다.

보다회산(甫多會山) 부 북쪽 190리에 있다.

두리산(頭里山) 부 동쪽 200리에 있다. 일명 원산(圓山)이라고 한다. 산 형세가 각진 곳 없이 지극히 웅혼(雄渾)하다. 방언(方言)에 원(圓)을 두리(頭里)라고 하므로 이렇게 이름하였다. 그 동쪽은 바로 길주(吉州) 경계이다.

백덕산(白德山) 큰 돌이 있는데 사면이 깎인 듯하고, 높이는 30여 장이다.

녹반현(綠礬峴) 부 북쪽 91리에 있다.

유파현(楡波峴) 부 남쪽 56리에 있다.

향동(香洞) 부 서쪽 111리에 있다.

진동동(鎭東洞) 부 동쪽 37리에 있다.

허천강(虛川江) 부 서쪽 1리에 있다. 북청부의 벌성포천(伐成浦川), 산북파천(山北坡川), 독산천(禿山川), 황수천(黃水川)이 부 남쪽 청주기(靑州岐)에서 합류하여 허천역(虛川驛) 옆을 지나 이 강이 된다.

혜산강(惠山江) 부 북쪽 95리에 있다. 원류는 백두산 남쪽에서 나와 서쪽으로 흘러 혜산진을 지나 허천강과 합하여 삼수군에 들어가 압록강(鴨綠江)이 된다.

운총천(雲寵川) 부 북쪽 74리에 있다. 원류는 장백산(長白山) 서북쪽의 호인(胡人) 지역 경계에서 나와 서쪽으로 흘러 허천강과 합한 다음 혜산강에 흘러 들어간다.

가마천(加亇川) 부 북쪽 2리에 있다. 진동동에서 나와 허천강에 들어간다.

웅이천(熊耳川) 부 남쪽 80리에 있다. 원류는 향동에서 나와 부 남쪽 청주기를 지나 우음수(于音水)와 합하여 서쪽으로 허천강에 들어간다.

오시천(吾時川)

차군만동(車軍萬洞) 이 이하는 압록강 건너편 지역이다.

노동(蘆洞)

약수동(藥水洞)

지항포수(池巷浦水)

포석동(泡石洞)

건천수(乾天水)

신다신수(辛多信水)

백탑동(白塔洞) 전탑(塼塔)이 있다.

백두산(白頭山) 부 북쪽 330리에 있다. 회령부에 자세히 보인다.

회산채(回山寨)

마죽령(馬竹嶺)

갈산(葛山)

흑산(黑山)

토산 土産

삼〔麻〕, 화피(樺皮), 백반(白礬), 지항포에서 난다. 수포석(水泡石), 녹반(綠礬), 숫돌〔礪石〕, 모두 운총에서 난다. 오미자(五味子), 석이버섯〔石蕈〕, 잣〔海松子〕, 매〔鷹〕, 꿀〔蜂蜜〕, 황랍(黃蠟), 사향(麝香), 영양(羚羊), 담비〔貂〕, 청서(靑鼠), 황서(黃鼠), 수달(水獺), 여항어(餘項魚)

성곽 城郭

부성(府城) 돌로 쌓았다. 둘레가 2280자이다. -원문 3, 4자 결락- 문이 있고, 성안에 우물이 있다. 또 성 서쪽에서부터 연이어 외성(外城)을 쌓아 허천강까지 이르는데, 535자이다.

허천강 행성(虛川江行城) 부 -원문 4, 5자 결락-에 있다. 돌로 쌓았다. 길이가 1800자이다. 지금 절반이 무너지고 떨어져 나갔다.

공서 公署

혜산 첨절제사진(惠山僉節制使鎭) 부 북쪽 95리에 있다. 석성(石城)이고 둘레가 2320자이다. 병마첨절제사(兵馬僉節制使) 1인이 있다.

운총 만호진(雲寵萬戶鎭) 부 북쪽 80리에 있다. 석성이고 둘레가 1467자이다. 만호 1인이 있다.

학교 學校

향교(鄕校) 예전에는 부 북쪽 1리에 있었는데, 지금은 옮겨서 부 남쪽 2리에 있다. 우리 태조(太祖)가 즉위하고서 공주(孔州) 이북에서부터 갑산부에 이르기까지 처음으로 학교를 세웠다.

궁실 宮室

객관(客館)

수강문루(受降門樓) 객관 북쪽에 있다.

정원루(定遠樓) 객관 서쪽에 있다.

이요정(二樂亭) 객관 북쪽에 있다. 부사(府使) 조윤손(曺閏孫)이 지었다. 본조 한준겸(韓俊謙)의 시[115]에,

만리 머나먼 변방 땅 萬里要荒地

115 한준겸(韓俊謙)의 시 : 〈갑산의 이요정에서, 이자민 안눌의 운을 쓰다〔甲山二樂亭用李子敏安訥韻〕〉이다. 《柳川遺稿》

천 겹 산에 둘러싸인 옛 갑산 千重古甲山
풍속은 교화가 미치지 못하고 土風聲化外
백성들은 짐승들과 섞여 사네 民物羽毛間
한나라 부절이 한창 나라 곳곳에 이르느라 漢節方窮夏
반후가 미처 관문에 들어오지 못하였네[116] 班侯未入關
때때로 〈절양류〉 노래 들리고 時聞折楊柳
강적이 달빛 타고 돌아오네[117] 羌笛月中還

하였다.

영보대(永保臺) 부 서쪽 허천강 변에 있다.

복융대(服戎臺) 혜산진에 있다.

봉수 烽燧

허천강구 봉수(虛川江口烽燧) 동쪽으로 혜산 동봉(惠山東峯)에 응하고,

116 한(漢)나라……못하였네 : 부절은 사명을 받든 사신을 뜻한다. 반후(班侯)는 후한(後漢) 때 명장 반초(班超)를 가리킨다. 서역(西域)으로 사신 가서 50여 국을 한나라에 조공하도록 하여 서역도호(西域都護)가 되고 정원후(定遠侯)에 봉해졌다. 《後漢書 班超列傳》 여기서는 우리나라 조정의 관리가 사명을 받들고 나와 변방 지역 곳곳을 다니며 살피는데, 이곳 갑산에는 아직 미치지 못하였음을 말한 것이다.

117 때때로……돌아오네 : 〈절양류(折楊柳)〉는 한나라 악부의 횡취곡사(橫吹曲辭)이다. 〈절류곡(折柳曲)〉, 〈양류사(楊柳詞)〉라고도 한다. 진(晉) 태강(太康) 말엽에도 유행하였는데, 이는 대부분 군사들의 수고로움을 노래한 것이었다. 그 뒤 남조(南朝)의 양(梁)과 진(陳), 당(唐)나라 사람들의 작품은 대부분 봄날을 상심하고 이별을 슬퍼하는 노래로 읊었으며, 정벌 나간 사람을 그리워하는 작품도 있다. 강적(羌笛)은 서강(西羌)의 적(笛)으로 보통 북방에서 듣는 오랑캐 피리 소리를 일컫는다. 이 2구는 지금 이곳 변방에서 전쟁이 지속되고 있음을 말한 것이다.

서쪽으로 진지달(榛遲達)에 응한다.

혜산 동봉 봉수(惠山東峯烽燧) 부 북쪽 100리에 있다. 남쪽으로 도산(刀山)에 응하고, 서쪽으로 허천강구에 응한다.

도산 봉수(刀山烽燧) 부 북쪽 78리에 있다. 남쪽으로 시린포(時麟浦)에 응하고, 북쪽으로 혜산 동봉에 응한다.

시린포 봉수(時麟浦烽燧) 부 북쪽 70리에 있다. 남쪽으로 녹반현(綠礬峴)에 응하고, 북쪽으로 도산에 응한다.

녹반현 봉수(綠礬峴烽燧) 남쪽으로 광생천(廣生遷)에 응하고, 북쪽으로 시린포에 응한다.

광생천 봉수(廣生遷烽燧) 부 북쪽 90리에 있다. 남쪽으로 후지(厚知)에 응하고, 북쪽으로 녹반현에 응한다.

후지 봉수(厚知烽燧) 부 북쪽 35리에 있다. 남쪽으로 남산(南山)에 응하고, 북쪽으로 광생천에 응한다.

남산 봉수(南山烽燧) 부 남쪽 4리에 있다. 북쪽으로 후지에 응하고, 남쪽으로 유파현(楡坡峴)에 응한다.

유파현 봉수(楡坡峴烽燧) 북쪽으로 남산에 응하고, 남쪽으로 응덕령(鷹德嶺)에 응한다.

응덕령 봉수(鷹德嶺烽燧) 북쪽으로 유파현에 응하고, 남쪽으로 북청(北青)의 마본령(馬本嶺)에 응한다.

신증 新增

남봉 봉수(南峯烽燧) 부 남쪽 15리에 있다. 남쪽으로 유파현에 응하고, 북쪽으로 서봉(西峯)에 응한다. 공희왕(恭僖王 중종) 7년(1512)에 남산 봉수를 혁파하고 이곳으로 옮겼다.

서봉 봉수(西峯烽燧) 부 서쪽 13리에 있다. 남쪽으로 남봉에 응하고, 북쪽으로 마산(馬山)에 응한다.

마산 봉수(馬山烽燧) 부 서쪽 25리에 있다. 남쪽으로 서봉에 응하고, 북쪽으로 후지에 응한다.

우역 郵驛

허천역(虛川驛) 부 남쪽 4리에 있다.

종포역(終浦驛) 부 남쪽 136리에 있다.

웅이역(熊耳驛) 웅이령 아래에 있다.

호린포원(呼麟浦院) 부 남쪽 50리에 있다.

관량 關梁

동인보(同仁堡) 부 북쪽 36리에 있다. 석성(石城)이고 둘레가 1350자이다.

진동보(鎭東堡) 부 동쪽 12리에 있다. 석성이고 둘레가 1490자이다.

○ 이상 2개 보(堡)는 예전에 방수(防戍)가 있었고, 공희왕 때에 권관(權管)을 두었다.

사묘 祠廟

사직단(社稷壇) 예전에 부 서쪽에 있었는데 지금은 옮겨서 부 동쪽에 있다.

사찰 寺刹

자복사(資福寺) 천봉산에 있다.

고적 古蹟

장평산고성(長坪山古城) 부 동쪽 13리에 있다. 돌로 쌓았다. 둘레가 2600자이다. 지금은 절반이 허물어졌다.

가오마폐보(加吾亇廢堡) 벽성(甓城)이다. 둘레가 1292자이다. 혜장왕(惠莊王 세조) 7년(1461)에 폐하고 진동(鎭東)으로 옮겨 설치하였다.

영파폐보(寧坡廢堡) 장헌왕(莊憲王 세종) 26년(1444)에 폐하고, 혜장왕 7년(1461)에 운총(雲寵)으로 옮겨 설치하였다. 옛터가 호지(胡地)에 있다.

진지달폐보(榛遲達廢堡) 벽성이다. 혜장왕 초에 폐하고 혜산진에 병합시켰다. 옛터가 호지에 있다.

안정폐보(安定廢堡) 혜장왕 4년(1458)에 폐하였다.

유원폐보(柔遠廢堡) 혜장왕 6년(1460)에 폐하였다. 옛터가 호지에 있다.

삼수군三水郡

동쪽으로 갑산부(甲山府) 경계까지 125리이다. 남쪽으르 함흥부(咸興府) 경계까지 344리이다. 서쪽으로 평안도 옛 무창군(茂昌郡) 경계까지 110리이다. 북쪽으로 압록강(鴨綠江)까지 1리이다. 서울과의 거리는 1573리이다.

한전 旱田

수전 水田

건치연혁 建置沿革

본래 갑산군(甲山郡) 지역이다. 본조 세종(世宗) 28년(1446)에 나누어 삼수군을 설치하였으니, 고을이 3개의 하천 사이에 있기 때문에 그렇게 이름하였다. 관장하는 면은 □개이다.

관원

군수(郡守), 훈도(訓導) 각 1인이다.

군명 郡名

형승 形勝

겹겹의 고개와 첩첩산중에 끼어 있다. 본조 김세렴(金世濂)의 북쪽 지방에 대해 논한 장계〔論北地狀〕[118]

동쪽으로는 갑산(甲山)에 연해 있고 잔도(棧道)가 험하고 위태롭다. 지지(地志)에 "갑산부에서 서북쪽으로 2일 걸리는 거리이다. 잔도를 경유하는데, 이방동(李方洞), 적생동(積生洞), 신원절동(申元節洞), 오감덕(五敢德), 허공교(虛空橋), 검은지달(黔隱遲達) 등과 같은 곳은 평지가 1보(步)도 없다."라고 하였다.

풍속 風俗

갑산(甲山)과 같다.

산천 山川

장령(長嶺) 군 동쪽 57리에 있다.

소라동령(所羅洞嶺) 군 동쪽 125리에 있다.

오봉산(五峯山) 군 남쪽 8리에 있다.

118 김세렴(金世濂)의……장계 : 〈삼갑구황장(三甲救荒狀)〉이다. 《東溟集 卷7》

이방령(李方嶺) 군 동쪽 59리에 있다.

사동령(蛇洞嶺) 군 남쪽 61리에 있다.

신로령(新路嶺) 군 남쪽 167리에 있다.

성파령(城坡嶺) 군 남쪽 273리에 있다.

□□령(□□嶺) -원문 4, 5자 결락-

□동(□洞) 군 동쪽 115리에 있다.

□□동(□□洞) -원문 4, 5자 결락-

압록강(鴨綠江) 군 북쪽 1리에 있다. 바로 갑산부 혜산강(惠山江) 하류로서 서쪽으로 흘러 평안도에 들어가 압록강이 된다. 그러므로 이렇게 통칭한다.

어면강(魚面江) 군 서쪽 2리에 있다. 그 원류는 둘인데 하나는 함흥부 경계의 황초령(黃草嶺), 부전령(赴戰嶺) 등에서 나오고, 다른 하나는 평안도 강계부(江界府) 경계의 오만령(五萬嶺)에서 나온다. 동쪽으로 흘러 별해진(別害鎮)을 지나 합하여 중강(中江)이 되고, 동북쪽으로 200여 리 흘러 이 강이 되어 군 치소를 경유하고, 또 북쪽으로 흘러 압록강에 들어간다.

인차외천(仁遮外川) 군 동쪽 70리에 있다. 원류는 적생동에서 나오고, 북쪽으로 흘러 혜산강에 들어간다.

최천이동(崔天已洞) 이 이하는 압록강 건너편 지역이다.

상나란(上那蘭)

하나란(下那蘭)

삼수동(三水洞)

고미동(古未洞)

이송령(李松嶺) 민제인(閔齊仁)의 시[119]에,

거대한 재 우뚝 솟아 북방을 굽어보고 巨嶺嵯峨俯朔方
겨우 통하는 한 길은 양장처럼 구불구불 纔通一路似羊腸
가을바람 불고 해 저무는 관산 너머로 秋風落日關山外
말 몰아 다시 오니 귀밑털 세려 하네 策馬重臨鬢欲霜

하였다.

화치령(火致嶺) 민제인의 시[120]에,

만 길 산꼭대기에 길 하나 나 있는데 萬仞岡頭一路開
앞서가는 사람이 멀리 새 곁으로 돌아가는 것 보이네 前驅遙見鳥邊迴
안장에 걸터앉아 감히 긴 검 휘두르지 못하나[121] 據鞍不敢揮長劍
절정에 올라서니 문득 상태성[122]에 가까운가 의심하네 絶頂翻疑近上台

하였다.

석수령(石水嶺) 민제인의 시[123]에,

삼나무 회나무 울창하여 대낮에도 어둡고 杉檜濃蒼白日陰
구름 속의 깊숙한 길이 갈수록 험난해지네 入雲幽逕轉崎嶔

119 민제인(閔齊仁)의 시 : 〈이송령(李松嶺)〉이다. 《立巖集 卷1》

120 민제인의 시 : 〈화치령(火致嶺)〉이다. 《立巖集 卷1》

121 안장에……못하나 : 후한(後漢)의 복파장군(伏波將軍) 마원(馬援)이 62세의 나이 때문에 출정을 허락받지 못하자 광무제(光武帝) 앞에서 말안장에 훌쩍 뛰어올라 좌우를 둘러보면서 자신의 용력을 뽐냈다는 고사가 있다. 《後漢書 馬援列傳》 여기서는 작자가 문관으로서 변방을 지킬 무장의 호기는 부릴 수 없다는 뜻이다.

122 상태성(上台星) : 삼태성(三台星) 가운데 하나로 사명(司命)과 수(壽)를 관장한다. 여기서는 변방을 지키는 높고 험준한 화치령의 위상을 비유하였다.

123 민제인의 시 : 〈석수령(石水嶺)〉이다. 《立巖集 卷1》

시내 바람과 고개 달은 한가로운 흥이 진진하나　　溪風嶺月渾閑興
만리 길 떠난 나그네 마음은 위로하지 못하네　　未慰征夫萬里心

하였다.

○ 이상 세 영(嶺)의 시는 모두 민제인의 시이다.

토산 土産

삼〔麻〕, 화피(樺皮), 수포석(水泡石), 석이버섯〔石蕈〕, 잣〔海松子〕, 오미자(五味子), 인삼(人蔘), 꿀〔蜂蜜〕, 황랍(黃蠟), 매〔鷹〕, 사향(麝香), 영양(羚羊), 토초(土貂), 수달(水獺), 담비〔貂〕, 청서(靑鼠), 황서(黃鼠), 여항어(餘項魚)

성곽 城郭

군성(郡城) 돌로 쌓았다. 둘레가 1812자이다. 문이 있고, 성안에 우물이 3개 있다.

압록강 행성(鴨綠江行城) 군 북쪽 1리에 있다. 돌로 쌓았다. 길이가 1517자이다.

공서 公署

나난 만호진(羅暖萬戶鎭) 군 동쪽 42리에 있다. 석성(石城)이고 둘레가 1533자이다.

어면 만호진(魚面萬戶鎭) 어면강 변에 있다. 성종조(成宗朝)에 석성을 쌓았다.

○ 이상에는 병마만호(兵馬萬戶) 각 1인이 있다.

신방구비 만호진(神方仇非萬戶鎭) 군 남쪽에 있다. 연산군(燕山君) 8년(1502)에 처음 석성을 쌓았다. 둘레가 1250자이다.

별해 만호진(別害萬戶鎭) 군 남쪽 430리에 있다. 일설에는 360리라고 한다. 연산군 7년(1501)에 석성을 쌓았다. 둘레가 1355자이다.

○ 이상에는 중종(中宗) 15년(1520)에 병마만호 각 1인을 두었다.

인차외 만호진(仁遮外萬戶鎭) 군 동쪽 85리에 있다. 석성이고 둘레가 1805자이다. 예전에는 갑산에 속해 있었는데, 연산군 8년에 여기에 예속시키고 병마만호 1인을 두었다.

학교 學校

향교(鄕校) 예전에 객관(客官) 서쪽에 있었는데, 중종 때에 객관 동쪽으로 옮겼다.

궁실 宮室

객관(客館)

진융루(鎭戎樓) 객관 서쪽에 있다. 본조 김윤종(金潤宗)의 시에,

삼수는 요충지라	三水要衝地
장군이 특별히 진영을 세웠지	將軍別建營

방초 무성하니 호마가 건장하고 芳草胡馬健
바람이 세차니 각궁이 소리내네 風緊角弓鳴
구름은 진나라 관문을 짙게 가리고 雲擁秦關暗
꽃은 촉나라 길에 밝게 피어 있네 花當蜀道明
바야흐로 봄을 맞아 순행하며 살펴보니 方春巡省處
백성들 습속이 농사와 군사일 병행하고 있네 民俗事農兵

하였다. ○ 본조 이계손(李繼孫)의 시에,

태어날 때 호시[124] 쏘아 원유할 뜻 품게 했으니 弧矢當年志遠遊
옥문관 천리 길 이별 시름 상관없다 玉關千里任離愁
원컨대 석 자 되는 호신검을 가지고 願將三尺防身劍
오랑캐를 다 베고 백두산에 기대어 서련다 斬盡山戎倚白頭

하였다.

봉수 烽燧

가을파지 서봉 봉수(加乙波地西峯烽燧) 군 서쪽 21리에 있다 동쪽으로 송봉(松峯)에 응한다.

송봉 봉수(松峯烽燧) 군 서쪽 5리에 있다. 동쪽으로 남봉(南峯)에 응하고, 서쪽으로 가을파지 서봉에 응한다.

124 호시(弧矢) : 상호봉시(桑弧蓬矢)의 준말로 천지 사방을 경륜할 큰 뜻을 말한다. 옛날에 사내아이가 태어나면 상목(桑木)으로 활을 만들어 문 왼쪽에 걸고 봉초(蓬草)로 화살을 만들어서 사방에 쏘는 시늉을 하며 장차 이처럼 웅비(雄飛)할 것을 기대하는 풍습이 있었다.《禮記 內則》

남봉 봉수(南峯烽燧) 군 남쪽 1리에 있다. 동쪽으로 독탕(禿湯)에 응하고, 서쪽으로 송봉에 응하고, 남쪽으로 금룡기덕(金龍已德)에 응한다.

독탕 봉수(禿湯烽燧) 군 동쪽 11리에 있다. 동쪽으로 나난 서봉(羅暖西峯)에 응하고, 서쪽으로 남봉에 응한다.

나난 서봉 봉수(羅暖西峯烽燧) 군 동쪽 34리에 있다. 동쪽으로 가 남봉(家南峯)에 응하고, 서쪽으로 독탕에 응한다.

가 남봉 봉수(家南峯烽燧) 군 동쪽 57리에 있다. 동쪽으로 갑산부의 인차외 서봉(仁遮外西峯)에 응하고, 서쪽으로 나난 서봉에 응한다.

교전 봉수(窖田烽燧) 군 남쪽 120리에 있다. 북쪽으로 가응계(加應戒)에 응한다.

가응계 봉수(加應戒烽燧) 군 남쪽 155리에 있다. 남쪽으로 교전에 응하고, 북쪽으로 신파(新坡)에 응한다.

신파 봉수(新坡烽燧) 군 남쪽 33리에 있다. 남쪽으로 가응계에 응하고, 북쪽으로 금을덕산(金乙德山)에 응한다.

금을덕산 봉수(金乙德山烽燧) 군 남쪽 32리에 있다. 남쪽으로 신파에 응하고, 북쪽으로 금룡기덕(金龍已德)에 응한다.

금룡기덕 봉수(金龍已德烽燧) 군 남쪽 15리에 있다. 남쪽으로 금을덕산에 응하고, 북쪽으로 남봉에 응한다.

신증新增

인차외 서봉 봉수(因遮外西峯烽燧) 군 동쪽 90리에 있다. 동쪽으로 진지달(榛遲達)에 응하고, 서쪽으로 가 남봉에 응한다.

진지달 봉수(榛遲達烽燧) 군 동쪽 100리에 있다. 동쪽으로 혜산강기이(惠山江岐伊)에 응하고, 서쪽으로 인차외에 응한다.

○ 이상의 두 봉수는 예전에 갑산에 속해 있었는데, 지금 이곳으로 옮겼다.

우역 郵驛

적생역(積生驛) 군 동쪽 105리에 있다.

삼강역(三江驛) 군 안에 있다.

초평원(草坪院) 군 남쪽 40리에 있다.

소을외원(所乙外院) 군 남쪽 209리에 있다.

안구비원(安仇非院) 군 남쪽 251리에 있다.

관량 關梁

가을파지보(加乙波地堡) 군 서쪽 10리에 있다. 석성이고 둘레가 610자이다.

소농보(小農堡) 군 동쪽 22리에 있다. 석성이고 둘레가 100여 자이다.

○ 이상 2개 보(堡)는 연산군 때에 권관(權管)을 두었다.

감파보(甘坡堡) 군 남쪽 110리에 있다. ○ 공희왕(恭僖王 중종) 때 처음 석성을 쌓았다. 둘레가 320자이다.

허공교(虛空橋) 군 동쪽에 있다.

사묘 祠廟

사직단(社稷壇) 군 서쪽에 있다.

문묘(文廟) 향교에 있다.

성황사(城隍祠) 군 북쪽 1리에 있다.

여단(厲壇) 군 북쪽에 있다.

사찰 寺刹

정수암(淨水菴) 오봉산에 있다.

고적 古蹟

삼수폐보(三水廢堡) 군성 안에 있다. 본조 세종 23년(1441)에 보와 만호를 설치하여 적을 방어하였고, 28년(1446)에 사방이 멀리 떨어져 있어서 성원하기 어렵다는 이유로 군을 설치하고 보를 폐하였다.

소농폐보(小農廢堡) 군 동쪽 25리에 있다. 벽성(甓城)이다. 지금은 없어졌다.

가을파지폐보(加乙波地廢堡) 군 서쪽 14리에 있다. 벽성이고 둘레가 726자이다.

명환 名宦

본조

김응하(金應河) 광해군(光海君) 때에 삼수 군수(三水郡守)가 되었는데, 청렴하고 삼가면서 스스로 면려하였다.

경성도호부鏡城都護府

동쪽으로 해안까지 6리이다. 남쪽으로 명천현(明川縣) 경계까지 142리이다. 서쪽으로 같은 현 경계까지 145리이다. 북쪽으로 부령부(富寧府) 경계까지 48리이다. 서울과의 거리는 1704리이다.

한전旱田

수전水田

건치연혁建置沿革

본래 고구려 지역이다. 뒤에 발해에 함락되었다가 이어서 여진의 점령지가 되어 우롱이(于籠耳)라고 불렸다. 《요동지(遼東志)》에는 목랑고(木郎古)라고 되어 있다. 본조 태조(太祖) 7년(1398)에 처음 경성 만호(鏡城萬戶)를 두었다. 《동국여지승람(東國輿地勝覽)》에 이르기를 "오랫동안 여진의 점령지가 되었다가 고려 예종(睿宗) 2년(1107)에 윤관(尹瓘)이 여진을 쫓아내고 이곳에 성을 쌓았다. 명칭은 미상이다. 뒤에 원(元)나라에 함락되었는데 공민왕(恭愍王)이 수복하였다. 본조 태조 7년에 비로소 현재의 명칭을 사용하고 만호를 두었다." 하였다. 《고려사(高麗史)》〈지리지(地理志)〉를 살펴보면, 동계(東界)의 주군(州郡)은 길주(吉州)에서 끝나고 경성 이북으로는 실려 있지 않다. 윤관(尹瓘) 본전(本傳) 및 여러 전기(傳紀)에도 모두 보이는 곳이 없다. 공민왕이 소생(小生)을 토벌하고 여러 성을 회복할 때, 《고려사》에서 화주(和州), 등주(登州), 정주(定州), 장주(長州), 예주(預州), 고주(高州), 문주(文州), 의주(宜州), 선덕진(宣德鎭), 원흥진(元興鎭), 영인진(寧仁鎭), 요덕진(耀德鎭), 정변진(靜邊鎭), 함주(咸州) 이북의 합란(哈蘭), 홍헌(洪獻), 삼살(三撒) 지역을 수복하였다고 일컬었지만[125] 이 지역을 언급한 곳은 없다. 이로 보면 대개 고려 말의 강계(彊界)가 또한 길주 이북에까지 미치지 못한 것이 분명하다. 그런데 《동국여지승람》에서 그렇게 말한 것은 어떤 근거인지 알지 못하겠으니, 삼가 원사(原史 고려사)를 참고하여 바로잡는다. 공정왕(恭靖王 정종(定宗)) 2년(1400)에 고쳐 경성군(鏡城郡)으로 삼고, 세종(世宗) 18년(1436)에 승격시켜 도호부로 삼았으며, 세조(世祖) 때 진을 설치하였다. 관장하는 면은 6개이다.

진관

주(州) 1개 길주(吉州)

125 공민왕이……일컬었지만 : 《고려사》 권39 〈공민왕세가(恭愍王世家)〉 5년 7월 기사에 "총관(摠管) 조소생(趙小生)과 천호(千戶) 탁도경(卓都卿)은 도주하고 화(和), 등(登), 장(長), 정(定), 예(預), 고(高), 문(文), 의(宜) 등 각 주(州)와 선덕(宣德), 원흥(元興), 영인(寧仁), 요덕(耀德), 정변(靜邊) 등 여러 진을 수복하였다."라고 하고, 《고려사》 권111 〈조돈열전(趙暾列傳)〉에 "함주로부터 그 북쪽인 합란(哈蘭), 홍헌(洪獻), 삼살(三撒) 등지는 본래 우리나라 변강이었는데, 조휘(趙暉) 등의 반역으로 인하여 원(元)나라에 몰락되었다가 대개 99년이 지난 지금에 와서 전부 되찾았다." 하였다.

현(縣) 1개 명천(明川)

만호진(萬戶鎭) 5개 서북(西北), 사마동(斜亇洞), 사하북(斜下北), 주을온(朱乙溫), 어유간(魚游澗)

관원

부사(府使) 북도 절도사(北道節度使)가 겸한다.

판관(判官), 교수(敎授) 각 1인이다.

군명 郡名

우롱이(于籠耳), 용성(龍城) 별호는 치성(雉城)이다.

형승 形勝

4개 읍의 요충지이다. 김종서(金宗瑞)의 〈5진의 형세를 논한 소[論五鎭形勢疏]〉에 "용성은 바로 회령(會寧), 종성(鍾城), 온성(穩城), 경흥(慶興) 4개 읍의 요충지로서, 대진(大鎭)을 만들어서 주장(主將)이 있는 곳으로 삼아 4개 읍을 성원하는 곳으로 삼는 것이 마땅합니다."라고 하였다.

북쪽 변방의 큰 번진(藩鎭)이다.

풍속 風俗

근검하며 강하고 사납다.

말을 달리며 활 쏘고 사냥하는 것을 일삼는다.

산천 山川

조백산(祖白山) 부 서쪽 5리에 있다. 진산(鎭山)이다.

설봉산(雪峯山) 부 북쪽 32리에 있다. 길주에도 보인다.

백산(白山) 부 서쪽 110리에 있다. 산세가 매우 험준하며, 5월이 되어서야 비로소 눈이 녹고 7월에 다시 눈이 내려서 산 정상의 수목이 왜소하다. 토착민들은 장백산(長白山)이라고 한다. 길주에도 보인다. 본조 김세렴(金世濂)의 시에,

북쪽에서 긴 재 내려와 봉우리도 이루지 않고	北來長嶺不成峯
가로로 뻗쳐 오랑캐 하늘까지 일자가 되었네	橫亘胡天一字同
광대하여 기꺼이 모서리 드러난 것 품어 안았고	磅礴肯含稜角露
우뚝 솟아 오직 체용의 웅대함 알게 하네	穹窿唯覺體容雄
웅장하게 큰 사막과 세 강의 경계에 서리고	雄蟠大漠三河界
흩어져 동한의 온갖 산 종주가 되었네	散作東韓百嶽宗
갑 속의 용천[126]은 속절없이 절로 우는데	匣裏龍泉徒自吼
며칠이면 올라가 크나큰 공훈 새길는지	登臨幾日勒豐功

하였다.

제왕산(諸王山) 부 남쪽 45리에 있다. 동쪽으로 큰 바다에 닿아 있다.

126 용천(龍泉) : 태아(太阿)와 함께 풍성(豐城) 땅에 묻혀 있었다는 전설상의 보검(寶劍) 이름이다.

중봉산(中峯山) 부 남쪽 108리에 있다.

운주산(雲住山) 부 남쪽 60리에 있다.

오봉산(五峯山) 부 남쪽 65리에 있다.

백록산(白鹿山) 부 남쪽 140리에 있다.

강릉산(江陵山) 부 남쪽 110리에 있다. 남쪽으로 큰 바다에 닿아 있다.

허수라현(虛修羅峴) 부 서쪽 부령(富寧)의 북쪽 경계에 있다. 적이 오는 길을 망보고 정탐하는 곳이다.

두롱이현(豆籠耳峴) 부령부 경계에 있다.

입암(立巖) 부 남쪽 간합리(幹合里)에 있다. 높이가 200여 장(丈)이다. 토속(土俗)에 바위를 간합(幹合)이라고 하므로 인하여 그 지역을 이렇게 명명한 것이다.

광암(廣巖) 부 남쪽 117리에 있다.

입암(笠巖) 부 남쪽 150리에 있다.

○ 이상 세 바위가 솥발처럼 대치하고 있으니 매우 기괴하다.

바다〔海〕 부 동쪽 6리에 있다.

덕산천(德山川) 부 남쪽 2리에 있다. 동쪽으로 흘러 바다에 들어간다. 세속에서는 오촌천(吾村川)이라고 한다.

어유간천(魚游澗川) 부 북쪽 17리에 있다. 동쪽으로 흘러 바다에 들어간다.

주을온천(朱乙溫川) 부 남쪽 32리에 있다. 동쪽으로 흘러 바다에 들어간다.

○ 이상 세 하천은 모두 원류가 백두산(白頭山)에서 나온다.

용성천(龍城川) 부 북쪽 35리에 있다. 그 원류는 회령부(會寧府)의 여이현(餘伊峴)에서 나와 남쪽으로 120리를 흘러 바다에 들어간다.

명간천(明澗川) 부 남쪽 115리에 있다. 원류는 백두산에서 나와 명천부(明

川府)의 사마동보(斜亇洞堡)를 경유하고 동쪽으로 흘러 광암(廣巖)을 지나 운가위천(雲加委川)과 합류한다.

운가위천(雲加委川) 부 남쪽 109리에 있다. 원류는 백두산에서 나와 동남쪽으로 중봉산(中峯山)을 경유하여 바다에 들어간다.

허수라천(虛修羅川) 부 북쪽 135리에 있다. 원류는 장백산에서 나와 검천(檢天)의 박가천(朴加遷)에 이르러 두만강(豆滿江)에 들어간다.

장자택(長者澤) 부 남쪽 90리에 있다. 물이 한 골에 가득 차서 길이가 15리에 너비가 3리가 되고 그 깊이는 가늠할 수 없다. 동쪽으로 흘러 바다에 들어간다. 가뭄이 들었을 때 비를 빌면 응험이 있다.

무계택(茂溪澤) 한편 무계택(無界澤)이라고 쓴다. 부 남쪽 110리에 있다. 길이는 9리이고 너비는 6리이며 물이 한 계곡에 가득 차 있다.

용연(龍淵) 부 서쪽 50리에 있다. 비를 빌면 효험이 있다.

장포지(長浦池) 부 북쪽 28리에 있다. 동쪽으로 흘러 바다에 들어간다.

추봉 온천(錐峯溫泉) 부 서쪽 34리에 있다.

운가위 온천(雲加委溫泉) 부 서쪽 110리에 있다.

토산 土産

삼〔麻〕, **사철**(沙鐵), **인삼**(人蔘), **오미자**(五味子), **송이버섯**〔松蕈〕, **방풍**(防風), **택사**(澤瀉), **토표**(土豹 스라소니), **담비**〔貂〕, **황서**(黃鼠), **청서**(靑鼠), **영양**(羚羊), **해달**(海獺), **매**〔鷹〕, **아양록**(阿羊鹿), **소금**〔鹽〕, **고등어**〔古刀魚〕, **송어**(松魚), **황어**(黃魚), **홍어**(洪魚), **삼치**〔麻魚〕, **연어**(鰱魚), **방어**(魴魚), **숭어**〔秀魚〕, **대구어**(大口魚 대구), **비목어**(比目魚), **은어**(銀

魚 도루묵), 문어(文魚), 붕어〔鯽魚〕, 무태어(無泰魚), 게〔蟹〕, 조개〔蛤〕, 홍합(紅蛤), 해삼(海蔘), 곤포(昆布), 해대(海帶 다시마), 미역〔藿〕, 용편(龍鞭) 바다 안에서 나는데, 붓대로 만들면 매우 훌륭하다.[127]

성곽 城郭

부성(府城) 돌로 쌓았다. 둘레가 5381자이다. 문을 세웠는데 동문을 □□라고 하였다. 성안에 우물이 9개 있다.

남산성(南山城) 부 서남쪽 5리에 있다. 돌로 쌓았다. 둘레가 3289자이다. 안에 우물이 2개 있다.

공서 公署

북도 절도사영(北道節度使營) 부성 안에 있다.

어유간 만호진(魚游澗萬戶鎭) 부 서북쪽 45리에 있다. 석성(石城)이고 둘레가 1089자이다. 병마만호(兵馬萬戶) 1인이 있다. 선조(宣祖) 때에 승격시켜 첨절제사진(僉節制使鎭)으로 삼았다.

주을온 만호진(朱乙溫萬戶鎭) 부 남쪽 32리에 있다. 석성이고 둘레가 1068자이다.

127 용편(龍鞭)……훌륭하다 : 용편은 용수(龍鬚)를 지칭하는 듯하다. 《이계외집(耳溪外集)》 권12 〈북새기략(北塞記略) 공주풍토기(孔州風土記)〉에 "용수는 명천과 경성의 바닷가에서 난다. 한 줄기로 곧게 자라서 길이가 수 자에 이르며 힘줄처럼 가늘고 뼈처럼 단단하다. 북방 사람들이 붓대로 쓰니, 이 붓을 용편필(龍鞭筆)이라고 한다." 하였다.

삼삼파 만호진(森森坡萬戶鎭) 부 남쪽 125리에 있다. 석성이고 둘레가 1420자이다.

○ 이상에는 병마만호 각 1인이 있다.

수성도 찰방사(輸城道察訪司) 부 북쪽 50리에 있다. 수성(輸城), 오촌(吾村), 주촌(朱村), 요참(要站), 석보(石堡), 회수(懷綏), 영안(寧安), 풍산(豊山), 역산(櫟山), 종경(鍾慶), 무안(撫安), 녹야(鹿野), 무령(撫寧), 덕명(德明), 마유(馬乳), 연기(燕基), 아산(阿山), 강양(江陽), 옹무(雍撫) 등 19개 역을 관할한다. ○ 찰방 1인이 있다.

학교 學校

향교(鄕校) 부 서쪽 3리에 있다.

궁실 宮室

치성관(雉城館) 바로 객관(客館)이다.

위원루(威遠樓) 객관 동쪽에 있다.

남루(南樓) 바로 남문루(南門樓)이다.

진북루(鎭北樓)

원수대(元帥臺) 부 동남쪽 8리에 있다. 앞에 큰 바다를 임하여 -원문 2, 3자 결락- 그러므로 이렇게 이름하였다. ○ 본조 이안눌(李安訥)의 시[128]에,

128 이안눌(李安訥)의 시 : 〈원수대(元帥臺)〉이다. 《東岳集 卷1》

원수께서 오르신 곳에 옛 누대 있으니　元帥登臨有古臺
편평한 들 드넓은 하늘에 우뚝 드러나 있네　野平天濶露崔嵬
백두산엔 얼음과 눈이 천년 동안 쌓여 있고　白山氷雪千年積
푸른 바다엔 바람과 안개가 만리에 이어졌네　碧海風煙萬里開
고래 같은 파도 쳐서 지축을 흔들어 놓고　鯨蹴波濤吹地轉
석양의 기러기는 구름을 헤치며 돌아가네　雁拖殘照拂雲迴
허공에 의지해 아득히 저 멀리까지 바라보노라니　憑虛目極蒼茫外
그저 표연히 세상을 벗어나고 싶을 뿐이로세　直欲飄然出九垓

하였다. ○ 본조 정두경(鄭斗卿)의 시[129]에,

장군께서 그 당시에 궁려를 격파하였으니[130]　將軍當日破穹廬
그 공적은 표요[131]보다 한층 더 뛰어났네　功駕嫖姚不啻如
왕정을 다 청소하여 범의 굴을 없앴으며　掃盡王庭無虎穴
오랑캐 땅 개척하여 낭거서산 차지했네[132]　闢來胡地有狼居
상전벽해 천년 세월 비석 가라앉은[133] 뒤고　千年碧海沈碑後

129 정두경(鄭斗卿)의 시 : 〈원수대(元帥臺)〉이다. 《東溟集 卷7》

130 장군께서……격파하였으니 : 장군은 행영대원수(行營大元帥) 윤관(尹瓘)을 가리킨다. 궁려(穹廬)는 본래는 몽고인들이 사는 위가 둥글고 높은 모양의 천막을 말하는데, 보통 북쪽의 오랑캐들이 사는 집을 지칭한다.

131 표요(嫖姚) : 한(漢)나라 곽거병(霍去病)을 가리킨다. 30쪽 주 28 참조.

132 왕정(王庭)을……차지했네 : 왕정은 중국 서북 지역의 오랑캐 군장(君長)들이 막사를 설치하고 정사를 보면서 관할하는 지방으로, 전하여 오랑캐 지역을 말한다. 낭거서산(狼居胥山)은 곽거병의 고사로, 119년에 곽거병이 대군(代郡)의 변새로 출병하여 흉노를 격파하고 낭거서산에 올라 제단을 쌓고 하늘에 제사 지내고 돌아왔다 한다. 《漢書 武帝紀》 여기서는 윤관이 여진을 토벌하여 그들이 점거하였던 장백산 일대를 수복한 것에 비유하였다.

133 상전벽해……가라앉은 : 진(晉)나라 두예(杜預)가 형주(荊州)를 지키는 대장으로 있으면서 부하들과 함께 양양에 있는 현산(峴山)에 올라가 탄식하기를 "이 산은 항상 있건마는 이

백 척 높은 누대 바로 말이 놀던 자리[134]이네 百丈高臺戲馬餘

저물녘 변방에서 칼을 잡고 슬피 노래하매 依劍悲歌邊日暮

옛 생각을 못 견디어 가던 걸음 머뭇대네 不堪懷古一躊躇

하였다.

봉수 烽燧

북봉 봉수(北峯烽燧) 부 북쪽 8리에 있다. 남쪽으로 장평(長坪)에 응하고, 북쪽으로 강덕(姜德)에 응하고, 서쪽으로 어유간(魚游澗)에 응한다.

강덕 봉수(姜德烽燧) 부 북쪽 37리에 있다. 남쪽으로 북봉에 응하고, 북쪽으로 부령부의 최달동(崔達洞)에 응한다.

장평 봉수(長坪烽燧) 부 남쪽 20리에 있다. 남쪽으로 요참(要站)에 응하고, 북쪽으로 북봉에 응한다.

요참 봉수(要站烽燧) 부 남쪽 55리에 있다. 남쪽으로 주촌 남봉(朱村南峯)에 응하고, 북쪽으로 장평에 응한다.

주촌 남봉 봉수(朱村南峯烽燧) 부 남쪽 84리에 있다. 남쪽으로 팔을하(八乙下)에 응하고, 북쪽으로 요참에 응한다.

산에 놀던 사람은 천추 뒤에 누가 알겠는가."라고 하고, 비석(碑石) 2개를 만들어 자기의 사적을 새겨 하나는 산 위에 세워 두고, 하나는 후일에 산천이 변하여 산이 못이 되고 못이 육지가 될 때를 예상하여 연못 속에 던져 두었다는 고사가 있다. 《晉書 杜預列傳》

134 백……자리 : 누대는 희마대(戲馬臺)를 말한다. 희마대는 강소성(江蘇省) 동산현(銅山縣)의 남쪽에 있는 누대로 초한(楚漢) 시절에 항우(項羽)가 세운 누대인 양마대(涼馬臺)를 말한다.

팔을하 봉수(八乙下烽燧) 부 남쪽 165리에 있다. 북쪽으로 남봉(南峯)에 응하고, 서쪽으로 이마퇴(尼麽退)에 응한다.

이마퇴 봉수(尼麽退烽燧) 부 남쪽 192리에 있다. 서쪽으로 명천(明川)의 건가토(件加土)에 응하고, 동쪽으로 팔을하에 응한다.

어유간보 봉수(魚游澗堡烽燧) 부 북쪽 35리에 있다. 동쪽으로 북봉에 응하고, 남쪽으로 아양덕(阿陽德)에 응한다.

아양덕 봉수(阿陽德烽燧) 부 북쪽 40리에 있다. 남쪽으로 차덕생동 중봉(車德生洞中峯)에 응하고, 북쪽으로 어유간보 서봉(西峯)에 응한다.

차덕생동 중봉 봉수(車德生洞中峯烽燧) 부 북쪽 54리에 있다. 남쪽으로 김득로가하 중봉(金得老家下中峯)에 응하고, 북쪽으로 아양덕에 응한다.

김득로가하 중봉 봉수(金得老家下中峯烽燧) 부 서쪽 68리에 있다. 서쪽으로 오촌보 서봉(吾村堡西峯)에 응하고, 북쪽으로 차덕생동 중봉에 응한다.

오촌보 서봉 봉수(吾村堡西峯烽燧) 부 서쪽 71리에 있다. 동쪽으로 김득로가하 중봉에 응하고, 남쪽으로 주을온보 서봉(朱乙溫堡西峯)과 산성(山城)에 응한다.

산성 봉수(山城烽燧) 부 남쪽 5리에 있다. 서쪽으로 주을온보 서봉에 응하고, 북쪽으로 오촌보 서봉에 응한다.

주을온보 서봉 봉수(朱乙溫堡西峯烽燧) 부 서쪽 33리에 있다. 북쪽으로 오촌보 서봉에 응하고, 동쪽으로 산성에 응하고, 남쪽으로 주을온보 남봉(朱乙溫堡南峯)에 응한다.

주을온보 남봉 봉수(朱乙溫堡南峯烽燧) 부 남쪽 65리에 있다. 남쪽으로 보로지보 신봉수(甫老知堡新烽燧)에 응하고, 북쪽으로 주을온보 서봉에 응한다.

보로지보 신봉수(甫老知堡新烽燧) 부 서쪽 65리에 있다. 남쪽으로 보로지보와 독 봉수(禿烽燧)에 응하고, 북쪽으로 주을온보 남봉에 응한다.

독 봉수(禿烽燧) 부 서쪽 86리에 있다. 남쪽으로 보화덕보(甫化德堡)와 석 봉수(石烽燧)에 응하고, 북쪽으로 보로지보 신봉수에 응한다.

석 봉수(石烽燧) 부 서쪽 89리에 있다. 남쪽으로 보화덕보 중산(甫化德堡中山)에 응하고, 북쪽으로 독 봉수에 응한다.

보화덕보 중산 봉수(甫化德堡中山烽燧) 부 서쪽 91리에 있다. 남쪽으로 삼삼파 적목(森森坡赤木)에 응하며, 북쪽으로 석 봉수와 독 봉수에 응한다.

삼삼파 적목 봉수(森森坡赤木烽燧) 부 서쪽 125리에 있다. 남쪽으로 삼삼파 판 봉수(森森坡板烽燧)에 응하고, 북쪽으로 보화덕보 중산에 응한다.

삼삼파 판 봉수(森森坡板烽燧) 부 서쪽 127리에 있다. 남쪽으로 이파 석 봉수(梨坡石烽燧)에 응하고, 북쪽으로 적목(赤木)에 응한다.

이파 석 봉수(梨坡石烽燧) 부 서쪽 136리에 있다. 남쪽으로 명천(明川)의 사마동(斜亇洞) 및 원산(圓山)에 응하고, 북쪽으로 삼삼파 판 봉수에 응한다.

신증新增

어유간보 이순덕 봉수(魚游澗堡李順德烽燧) 부 북쪽 55리에 있다. 남쪽으로 아양덕에 응하고, 북쪽으로 부령의 임수덕(林秀德)에 응한다.

오촌보 남봉수(吾村堡南烽燧) 부 서쪽 40리에 있다. 남쪽으로 주을온보 서봉에 응하고, 북쪽으로 차덕생동 중봉에 응한다.

주을온보 서봉 봉수(朱乙溫堡西峯烽燧) 부 서쪽 47리에 있다. 북쪽으로 오촌보 남봉수에 응하고, 남쪽으로 판 봉수에 응한다. 정덕(正德) 계유년(1513, 중종8)에 옛 서봉(西峯)을 폐하고 이곳으로 옮겼다.

보로지보 화파 봉수(甫老知堡樺坡烽燧) 부 서쪽 105리에 있다. 북쪽으로 판 봉수에 응하고, 남쪽으로 석용봉(石茸峯)에 응한다.

석용봉 봉수(石茸峯烽燧) 부 서쪽 115리에 있다. 남쪽으로 독송봉(獨松峯)에 응하고, 북쪽으로 화파에 응한다.

독송봉 봉수(獨松峯烽燧) 부 서쪽 110리에 있다. 남쪽으로 황세동(黃細洞)에 응하고, 북쪽으로 석용봉에 응한다.

황세동 봉수(黃細洞烽燧) 부 서쪽 90리에 있다. 남쪽으로 보화보 중령상(寶化堡中嶺上)에 응하고, 북쪽으로 독송봉에 응한다.

보화보 중령상 봉수(寶化堡中嶺上烽燧) 부 서쪽 170리에 있다. 남쪽으로 삼삼파보 대가퇴(森森坡堡大加退)에 응하고, 북쪽으로 황세동에 응한다.

삼삼파보 대가퇴 봉수(森森坡堡大加退烽燧) 부 서쪽 150리에 있다. 남쪽으로 소가퇴(小加退)에 응하고, 북쪽으로 중령상에 응한다.

소가퇴 봉수(小加退烽燧) 부 서쪽 134리에 있다. 남쪽으로 강가덕(姜加德)에 응하고, 북쪽으로 대가퇴에 응한다. 정덕 신사년(1521, 중종16)에 판 봉수를 폐하고 이곳으로 옮겼다.

강가덕 봉수(姜加德烽燧) 부 서쪽 160리에 있다. 남쪽으로 명천의 사마동 이흥도대(斜亇洞李興道代)에 응하고, 북쪽으로 소가퇴에 응한다. 정덕 신사년에 이파 석(梨坡石)을 폐하고 이곳으로 옮겼다

우역 郵驛

수성역(輸城驛) 바로 용성 지역으로, 부 북쪽 50리에 있다. 찰방사 본역이다.

오촌역(吾村驛) 부 남쪽 3리에 있다.

주촌역(朱村驛) 부 남쪽 79리에 있다.

요참역(要站驛) 부 남쪽 12리에 있다.[135]

신증 新增

이름을 영강(永康)으로 고쳤다. 부 남쪽 46리에 있다.

청하원(淸河院) 부 북쪽 40리에 있다.

의생원(義生院) 부 남쪽 60리에 있다.

운가위원(雲加委院) 부 남쪽 109리에 있다. ○ 이안눌의 시[136]에,

산 아래 평평한 들판이 황무지에 연이었으니	山下平蕪接大荒
북쪽으로 외론 성 바라보매 길이 얼마나 멀까	孤城北望路何長
양쪽 언덕 터진 사이로 구름이 골짝을 메웠는데	兩岸中柝雲藏壑
한 줄기 냇물 나뉘어 흐르는 곳엔 돌이 다리가 되었네	一澗分流石作梁
변방 가까우니 지형은 대부분 험절하고	近塞地形多險絶
가을 지난 터라 나그네 마음 처량해지기 십상이지	經秋客意易凄凉
휑한 객정에 해 떨어지자 인적마저 끊어지니	虛亭日落行人斷
홀로 말안장 베고 고향을 꿈꾸네	獨枕征鞍夢故鄕

하였다.

관량 關梁

오촌보(吾村堡) 부 서쪽 20리에 있다. 석성이고 둘레가 1290자이다.

135 부……있다 : 《동국여지지》 권8 〈경성도호부〉 봉수(烽燧)에 요참 봉수(要站烽燧)가 부 남쪽 55리에 있다고 한 것과 《대동여지도》를 참고하여 보면, "12리에 있다."라고 한 것은 오류가 있는 듯하나 근거가 불충분하여 그대로 번역하였다.

136 이안눌의 시 : 〈운위원(雲委院)〉이다. 《東岳集 卷1》

보로지책(甫老知柵) 부 남쪽 43리에 있다.

보화보(甫化堡) 부 남쪽 54리에 있다. 석성이고 둘레가 1020자이다.

근동보(芹洞堡) 부 북쪽 67리에 있다. 토성(土城)이고 둘레가 330여 자이다.

○ 이상은 모두 군사를 나누어 방수(防戍)하는 곳이다.

사묘 祠廟

사직단(社稷壇) 부 서쪽에 있다.

문묘(文廟) 향교에 있다.

성황사(城隍祠) 산성(山城)에 있다.

여단(厲壇) 부 북쪽에 있다.

윤관(尹瓘) 사당 -원문 5, 6자 결락-에 있다. 고려 문숙공(文肅公) 윤관을 향사하였다.

창렬사(彰烈祠) 부 남쪽 110리, 어란리(禦亂里)에 있다. 금상(今上) 6년(1665, 현종6)에 부의 백성과 선비들이 옛 평사(評事) 정문부(鄭文孚)가 왜적을 평정한 공이 있다 하여 사당을 세워 제사 지내고, 이붕수(李鵬壽)를 배향하였다.

능묘 陵墓

이붕수(李鵬壽) 묘 부 남쪽 110리, 어란리 무계(茂溪) 가에 있다.

사찰 寺刹

용장사(龍藏寺), 만경암(萬景菴) 모두 운주산에 있다.

심적사(深跡寺), 정수암(淨水菴) 모두 오봉산에 있다.

쌍계사(雙溪寺) 백록산에 있다.

중산사(中山寺) 중봉산에 있다.

용암사(龍菴寺) 강릉산에 있다.

용범사(龍梵寺) 설봉산에 있다.

고적 古蹟

진파폐성(榛坡廢城) 부 서쪽 110리에 있다. 흙으로 쌓았다.

보이덕폐성(甫伊德廢城) 부 서쪽 120리에 있다. 흙으로 쌓았다. 지금은 없어졌다.

증산성(甑山城) 부 남쪽 87리에 있다. 흙으로 쌓았다. 둘레가 1275자이다. 안에 못이 2개 있고, 창고 터가 남아 있다.

용성(龍城)

명환 名宦

본조

김종서(金宗瑞) 우리 장헌왕(莊憲王 세종)이 김종서를 함길도 도절제사(咸吉道都節制使)로 삼아 북변을 조치하게 하자 당시 논의가 매우 분분하였다. 임금이 흔들리지 않고 고집하여 김종서에게 전적으로 맡겨 회령, 종성, 온성, 경흥 4진(鎭)을 설치하여 성을 쌓고 백성들을 이주시켜 채움으로써 북방이 길이 견고해지게 하였다. 임금이 이르기를 "비록 과인이 있더라도 김종서가 없었다면 이 일을 다스릴 수 없었을 것이고 비록 김종서가 있더라도 과인이 없었다면 이 일을 주장할 수 없었을 것이다." 하였다. 김종서는 조치가 이미 정해지자 날마다 술잔치를 베풀었다. 부사 가운데 그래서는 안 된다고 말하는 이가 있자, 김종서가 말하기를 "모래바람 부는 외진 변방에서 장사들이 추위에 떨며 고생하고 북쪽 사람들은 억강하고 사나우니 내가 처음에 인색하게 시작하면 뒤에 반드시 좋은 결과를 얻지 못할 것이다." 하였다. 어느 날 밤 잔치 중에 화살이 날아와 술통을 맞히니 좌우가 깜짝 놀라 소란스러워졌으나 김종서는 태연자약하였다. 좌우에서 그 연고를 듣기를 청하자 이에 김종서가 말하기를 "간인(奸人)이 나를 시험해 본 것뿐이니, 뭘 어찌하겠는가." 하였다. 북방에 재임한 지 □년 만에 형조 판서[137]로 불려 들어갔다.

최윤덕(崔潤德) 장헌왕조(莊憲王朝)에 함길도 도절제사가 되었다. 공정하고 청렴하며 근면하고 신중하였으므로 백성들과 오랑캐들이 모두 마음을 귀의하여 사랑하기를 부모와 같이 하였다.

유응부(兪應孚) 장헌왕조에 도절제사가 되었다. 방정하고 근엄하였으며 청백하기가 물과 같았고 사졸을 잘 위무하였다.

하경복(河敬復), **박종우**(朴從愚) 모두 절도사(節度使)가 되었다.

137 형조 판서 : 대본에는 '공조 판서'로 되어 있는데, 《국역 세종실록》 22년 12월 3일 기사에 근거하여 고쳐 번역하였다.

이행검(李行儉) 도진무(都鎭撫)가 되었다. 혜장왕조(惠莊王朝 세조)에 도절제사 이징옥(李澄玉)이 역심(逆心)이 있다는 말을 듣고 박호문(朴好問)을 보내 대신하게 하였더니, 이징옥이 박호문을 죽이고 대금황제(大金皇帝)라 스스로 칭하고서 장차 강을 건너 금(金)나라의 옛 도읍을 점거하려고 하였다. 이행검이 계략을 써서 종성에 머물게 하고 주별하니, 특별히 첨지중추원사(僉知中樞院事)로 승진시켰다.

허종(許琮) 혜장왕 11년(1465)에 절도사가 되었다. 허종이 젊어서 평안도와 함길도의 막관(幕官)이 되었는데, 비록 늙은 장교나 퇴역한 군인이라도 모두 공손하게 대화하였으며, 제번(諸藩)[138]의 족장(族帳 장적(帳籍))과 강약, 산천과 도로 및 조종조의 관새(關塞)와 성벽(城壁)의 건치연혁을 모조리 찾아다니며 자문하고 기록하였다. 마침내 절도사가 되어 적절하고 합당하게 지휘하였으므로 백성들과 외이(外夷)가 모두 감복하였다. 다음 해에 모친상을 당하여 떠났으므로 강효문(康孝文)을 후임으로 삼았다. 13년(1467)에 이시애(李施愛)의 반란이 일어나자 북쪽 사람들이 허종이 오기를 바랐으므로 기복(起服)하여 다시 절도사로 삼았다. 허종이 강순(康純), 어유소(魚有沼)와 함께 반란군을 격파하여 죽이고 난을 평정하였다.

어유소(魚有沼) 양도왕(襄悼王 예종) 때에 일찍이 절도사가 되었다. 강정왕(康靖王 성종) 3년(1472)에 숭정대부로서 다시 절도사에 제수되었는데, 어유소가 모친이 늙었음을 이유로 울며 사직을 빌었다. 이에 임금이 회유하기를 "북도를 진안(鎭安)할 자로 경만 한 이가 없다. 모친은 걱정하지 말라." 하고 특별히 옥교(屋轎), 궁의(宮衣), 어찬(御饌)을 하사하였다. 임기

138 제번(諸蕃) : 변경 근처에 산재하는 부족의 통칭이다.

가 만료되자 임금이 이르기를 "경이 만일 체임되면 누가 경을 대신할 수 있겠는가." 하고 허락하지 않았다. 오랑캐가 경성을 침범하자 어유소가 함정을 만들어 섬멸하였다. 이에 임금이 직제학 홍귀달(洪貴達)을 보내 단의(段衣)를 하사하였다. 어유소는 관대하고 온화하여 널리 사랑을 베풀었으며, 번호(藩胡)가 혹 선물을 가지고 와서 만나기를 청하면 어유소는 거절하며 말하기를 "우리는 너희에게서 취하지 않는다."라고 하며 터럭 하나도 범하지 않으니, 야인(野人)이 손을 들어 이마에 대고 말하기를 "이분은 우리 아버지시다." 하였다. 변경이 이 때문에 무사하였다. 북도에 재임한 지 5년 만에 우참찬으로 소환되었다.

정난종(鄭蘭宗) 강정왕 7년(1476)에 북도 절도사가 되었다. 당시 북호(北胡) 이마거(尼麻車) 부족이 정난종이 병이 들었다는 말을 듣고 침입하려고 도모하였다. 정난종이 말하기를 "병법에는 전쟁하기 전에 마음을 공격하는 법이 있다."[139] 하고 마침내 병을 무릅쓰고 일어나 성 아래 호추(胡酋)를 취합하고 말하기를 "조정에서 나에게 다섯 진영(鎭營)의 군병을 거느리고 이마거를 토벌하여 전일 변경을 침범한 죄를 징계하도록 명령하였으니, 너희들도 종군해야 한다." 하고 이어 함께 날짜를 약속하고서 돌려보냈다. 이마거가 그 말을 듣고 달아나 산골짜기로 숨어서 마침내 경작 시기를 놓치고 여러 해 동안 변경을 엿보지 못하였다. 막료가 계문(啓聞)하고

139 병법에는……있다 : 삼국 시대 촉한(蜀漢)의 문신인 마속(馬謖)이 한 말을 인용한 것이다. 제갈량(諸葛亮)이 옹개(雍闓)를 토벌하려고 할 때 마속이 전송하면서 말하기를 "군사를 쓰는 방법은 마음을 공격하는 것이 상책이고 성을 공격하는 것이 하책이며, 심리전이 상책이고 무력전은 하책입니다. 공께서는 그들을 진심으로 복종하게 하십시오." 하였는데, 제갈량이 그 말을 따라 승전하였다고 한다.《三國志 蜀書 馬謖傳》

자 하니, 정난종이 말하기를 "직책상 의당 할 일인데, 어찌 번거롭게 계문하겠는가." 하였다.

성준(成俊) 강정왕 때에 영안 절도사(永安節度使) 윤말손(尹末孫)이 진무를 적절하게 하지 못하여 노(虜)가 변경을 침범하여 변방 수령을 죽이자, 임금이 문무를 겸한 인재를 선발하여 가서 진무하게 할 것을 생각하고 참찬 성준을 윤말손의 후임으로 보냈다. 성준은 온화하게 위무하고 통제하여 오랑캐와 백성들이 모두 감복하였다. 성준은 노(虜)의 죄를 추문해야 한다고 여겨 글을 올려 정벌을 청하였다. 이에 임금이 허종을 도원수 겸 관찰사(都元帥兼觀察使)로 삼고 성준을 부원수로 삼아 가서 정벌하도록 하니, 이후로 노적이 감히 사달을 일으키지 못하였다. 다시 본도 관찰사에 제수되었다.

정문부(鄭文孚) 선조(宣祖) 때 북평사(北評事)가 되었다. 왜병이 멀리까지 진군하여 여러 성(城)을 모두 함락시켰는데, 모반한 백성이 남도와 북도 절도사, 수재(守宰) 및 왕자와 재신을 잡아 왜적에게 항복하였다. 정문부도 달아나 바닷가에 숨었다가 유생 이붕수(李鵬壽) 등과 함께 의병을 일으켜 모반한 백성과 왜적을 토벌하고 여러 성을 회복하였다. 선조가 통정대부로 품계를 올리도록 명하였고, 금상조에 이르러 감사가 그 공적을 계문하여 좌찬성에 증직하였다.[140]

이수일(李守一) 선조 때 함경 방어사(咸鏡防禦使)가 되었다가 곧이어 북도 절도사에 승진되었다. 정사를 행하는 데 청렴하고 관대하여 군민(軍民)들

140 금상조에……증직하였다 : 현종 7년(1666)에 증직하였다. 《農圃集 附錄 諡狀》《현종실록》 7년 5월 23일 기사에는 우찬성에 추증한다고 되어 있다.

이 사랑하기를 부모와 같이 하였다. 임기가 만료되어 체임하게 되자 유임시켜 달라고 백성들이 조정에 청하였다. 돌아갈 때가 되자 비석을 세워 기리고 사모하였다.

오윤겸(吳允謙) 경성 판관(鏡城判官)이 되었다. 청렴하고 간명하게 잘 다스렸으므로 변방 백성들이 오래도록 잊지 않았다.

김상헌(金尙憲) 경성 판관이 되었다. 자신을 단속하여 청렴하고 엄정하였으므로 변방 백성들과 진장들이 모두 두려워하며 복종하였다.

김응하(金應河) 광해군(光海君) 때에 삼수 군수(三水郡守)에서 옮겨 북도 병마우후(北道兵馬虞候)가 되었다. 북도에 재임한 4년 동안 청렴하고 근신하며 스스로 면려하여 부지런히 직임을 봉행하였으므로 백성과 외이(外夷)가 기뻐하며 감복하였다.

인물 人物

본조

이붕수(李鵬壽) 그 선조는 공주(公州) 사람인데, 고조부 이겸(李謙)이 토호(土豪) 세력으로 연루되자 북쪽으로 이주하여 본부 사람이 되었다. 이붕수는 어려서부터 지개(志概)가 있었다. 선조 때에 왜구가 북도를 함락시키자 모반한 백성이 왕자, 재신, 장리(長吏)를 잡아 왜적에게 내응하였다. 이붕수는 유생으로서 개탄하며 발분하여 의병을 일으킬 것을 도모하였다. 당시 절도사 이하가 모두 적에게 사로잡혔고 오직 평사(評事) 정문부만이 탈출하여 산간에 숨어 있었다. 이붕수가 맞이하러 그 집에 가서 같은 부의 사인(士人) 최배천(崔配天), 지달원(池達源), 강문우(姜文佑) 등과 함께 정문부를 추대하여 창의대장(倡義大將)으로 삼았다. 이봉수는 별장이 되어 향병을 일으켜 모반한 백성을 주벌하고 여러 성을 회복하였으며, 길주와 단천에서 왜적과 여러 차례 접전하여 모두 큰 승리를 거두었다. 또 왜적을 추격하던 중 선두에 섰다가 적에게 죽임을 당하였으니, 북도가 평정된 것은 모두 정문부와 이봉수의 공력이었다. 선조가 사헌부 감찰로 증직하고 금상조에 지평에 증직하였다.[141]

141 금상조에 지평에 증직하였다 : 현종 7년(1666)에 증직하였다.《顯宗實錄 7年 5月 23日》

길주목 吉州牧

동쪽으로 명천부(明川府)까지 10리이다. 북쪽으로 같은 부 경계까지 32리이다. 남쪽으로 해안까지 127리이다. 서쪽으로 단천군(端川郡) 경계까지 119리이다. 서울과의 거리는 1464리이다.

한전 旱田

수전 水田

건치연혁 建置沿革

본래 고구려 지역이다. 뒤에 발해에 함락되었다가 이어서 여진(女眞)의 점령지가 되었다. 고려 예종(睿宗) 2년(1107)에 윤관(尹瓘)을 보내 여진을 쫓아내고 길주(吉州)를 설치하였다. 윤관이 여진을 쫓아내고 지계(地界)를 정하였는데, 동쪽은 화관령(火串嶺)까지, 북쪽은 궁한령(弓漢嶺)까지, 서쪽은 몽라골령(蒙羅骨嶺)까지 우리의 영토로 만들고, 궁한촌(弓漢村)에 성랑(城廊) 770칸을 쌓고 길주라고 칭하였다. 얼마 뒤에 이 지역을 여진에게 돌려주고, 뒤에 다시 원(元)나라에 편입되어 해양(海洋)이라고 불렸다. 일명 삼해양(三海洋)이라고 하였다. 《용비어천가(龍飛御天歌)》 주(註)에 "해양은 지명으로 지금 길주에 있다. 해양에서 북쪽으로 50리를 가면 태신(泰神)에 이르고 태신에서 동쪽으로 60리를 가면 적알발(的遏發)에 이른다. 해양, 태신, 적알발 세 곳에는 각각 맹안(猛安)[142]이 있는데 세속에서 이를 삼해양이라고 한다." 하였다.

공민왕(恭愍王) 때에 다시 이 지역을 회복하였고, 공양왕(恭讓王) 2년(1390)에 웅주와 길주 등지에 관군민 만호부(管軍民萬戶府)를 설치하고 영주진(英州鎭) 및 선화진(宣化鎭) 등을 병합하여 편입시켰다. 본조 태조(太祖) 7년(1398)에 길주목으로 고쳤고, 예종(睿宗) 1년(1469)에 강등시켜 길성현(吉城縣)으로 삼았고 세조(世祖) 13년(1467)에 본주 사람 이시애(李施愛)가 주를 거점으로 삼아 모반하였으므로 토벌하여 평정하였는데, 이 때문에 주를 강등시켜 현으로 삼았다. 주의 북쪽 지경을 떼어 내 별도로 명천현(明川縣)이라 하였다. 공희왕(恭僖王 중종) 때에 도로 승격시켜 길주로 삼았다. 관장하는 면은 7개이다.

관원

목사(牧使), 판관(判官), 교수(敎授) 각 1인이다.

142 맹안(猛安) : 《용비어천가》 주에 "금(金)나라 시대에 천호장(千戶長)을 맹안이라고 한다." 하였다. 《금사(金史)》 〈병지(兵志)〉에 "금나라 초기에는 제부(諸部)의 백성들은 다른 요역이 없고, 장정은 모두 군대에 편입되었다.……그들의 부장(部長)을 발근(孛菫)이라고 호칭하고, 행군할 적에는 맹안, 모극(謀克)이라고 하였다. 맹안은 천부장(千夫長)과 같고 모극은 백부장(百夫長)과 같은데, 두목이 통솔하는 군사의 수효에 따라 호칭한다." 하였다.

군명 郡名

해양(海洋), 양(洋)은 한편 양(陽)이라고 쓴다. 길성(吉城)

형승 形勝

고갯길을 옆에 끼고서 바닷길에 인접한다. 본조 김세렴(金世濂)의 장계[143]에 "성진(城津)이 고갯길을 옆에 끼고서 바닷길에 인접하므로 유사시에 힘을 얻을 지역이 됩니다."라고 하고, 또 말하기를 "성진은 바로 남도와 북도의 교차점에 위치하여 지형상 이미 편리한 데다 해안에서 깊숙이 들어와 있습니다. 길주는 도회지입니다."라고 하였다.

풍속 風俗

사람들의 성품이 완강하고 사납다.

산천 山川

원산(圓山) 주 서쪽 295리에 있다. 일명 두리산(頭里山)이라고 한다. 산세가 각진 곳 없이 웅혼(雄渾)하다. 방언(方言)에 원을 드리(頭里)라고 하므로 그렇게 이름하였다. 그 동쪽에 또 소두리산(小頭里山)이 있어 두 산이 서

143 김세렴(金世濂)의 장계 : 〈함경도내 형세에 대한 장계〔咸鏡道內形勢狀〕〉이다. 《東溟集 卷7》

로 연이어 있는데 모두 견줄 데 없이 높고 거대하다. 갑산부(甲山府)에도 보인다.

마천령(磨天嶺) 주 서쪽 130리, 단천군 경계에 있다. 높고 험준하여 위로 높은 하늘에 닿아 있으므로 이렇게 이름하였다. 예전에는 이판령(伊板嶺)이라고 불렀다. 단천군에 자세히 보인다. ○ 본조 허적(許禃)의 시[144]에,

험준한 고개 겹겹 산등성이 땅끝까지 가는데	峻嶺重岡絶地垠
여기 올라 둘러보니 온갖 근심 새록새록	登玆眺覽百憂新
뭇 산봉우리 운집하여 비바람 갱여 있고	群峯雜沓藏風雨
수많은 골짝 빽빽하여 귀신을 불러오네	衆壑陰森聚鬼神
넓디넓은 천지는 원기가 합한 것이고	浩浩乾坤元氣合
길고 긴 이 신세는 태초에 가깝구나	悠悠身世太初隣
거대한 바다 굽어보니 끝 간 데 없어	俯臨巨海無窮極
삼산[145]을 묻고자 하나 아득하여 찾을 길 없네	欲問三山杳莫因

하였다. ○ 본조 김세렴의 시[146]에,

천 굽이 다 올라 보니 기운 웅장함이여	千盤陟盡氣雄哉
하늘 밖 창연히 바다색 열려 있네	天外蒼然海色開
먼 변방의 관방이 모두 험지에 설치되었으니	絶域關防全設嶮
그 옛날 땅 넓힌 특출한 인재 생각하네	異時恢拓憶奇才
삼한 땅 형세는 남쪽까지 다하였고	三韓地勢當南盡

144 허적(許禃)의 시 : 〈마천령에 올라〔登摩天嶺〕〉이다. 《水色集 卷2》

145 삼산(三山) : 삼신산(三神山)이다. 바다 가운데 있다고 전하는 세 선산(仙山)으로 이름은 봉래(蓬萊), 방장(方丈), 영주(瀛洲)이다.

146 김세렴의 시 : 〈마천령(磨天嶺)〉이다. 《東溟集 卷5》

양계 산 형상은 북쪽에서 돌아오네　兩界山形自北迴
말갈과의 전쟁은 언제나 끝나려나　靺鞨收功竟何日
취해서 장검 들고 우뚝한 산에 기대었네　醉將長劍倚崔嵬

하였다.

장백산(長白山) 주 서쪽 116리에 있다. 두리산과 서로 연해 있는데, 산이 극히 높고 크며 사계절 내내 눈이 있다. 5월에 녹기 시작하다가 7월에 다시 눈이 내린다. 경성부(鏡城府)에도 보인다. ○ 고려 이색(李穡)의 시[147] 〈한 만호를 보내며〔送韓萬戶〕〉에,

장백산은 높다랗고　長白山窮窿
철령관은 우뚝하여　鐵嶺關崔崒
몇 천 리를 가로로 뻗쳤으니　橫亘幾千里
천연의 험지라 넘나들 수가 없는데　天險不可越
해단[148]의 잡종이 조수들과 살면서　奚丹雜種鳥獸居
궁시를 갖고 날뛰며 돌격을 일삼는다네　弓矢翩翩事馳突
대지를 둘러보다 크게 탄식이 나오니　流觀輿圖發浩歎
쓸쓸한 가을 풀에 윤갈[149]이 묻혀서라오　秋草蕭蕭埋尹碣

147 이색(李穡)의 시 : 〈동북면으로 가는 한 만호를 보내면서 월 자를 얻다〔送東北面韓萬戶得月字〕〉이다. 《牧隱藁 牧隱詩藁 卷4》

148 해단(奚丹) : 해는 동호(東胡) 종족의 하나이고, 단은 거란족을 가리킨다.

149 윤갈(尹碣) : 윤관(尹瓘)이 여진을 평정한 뒤 고려의 경계를 정하는 비를 세웠는데, 이 비를 일컫는 듯하다. 《신증동국여지승람》 권48 〈함경도〉 총서에 "예종 2년에 윤관과 오연총(吳延寵)을 보내 여진족을 격파하여 축출하고, 함주로부터 공험진(公嶮鎭)까지 9개의 성곽(城郭)을 쌓아 경계를 삼고, 선춘령(先春嶺)에 비(碑)를 세웠다." 하였다. 혹은 경성(鏡城)의 원수대(元帥臺)에 윤관이 여진을 토벌하고 개선한 것을 기념하는 비석을 세웠다고 하는데, 이

하였다.

성불산(成佛山) 주 서쪽 45리에 있다.

도산(刀山) 주 서쪽 44리에 있다.

장덕산(長德山) 주 동쪽 5리에 있다. -원문 4, 5자 결락- 본조 정문부(鄭文孚)가 왜구를 여기에서 격파하였으니, 이식(李植)의 시 〈장덕산(長德山)〉에 "일찍이 이곳에서 오랑캐 군사를 격파하였으니 관북의 일등공신 누구이겠는가.〔曾於此地破蠻軍 關北誰論第一勳〕"라고 한 것이 바로 이 곳이다.

설봉산(雪峯山) 주 서쪽 72리에 있다.

바다〔海〕 주 동쪽 57리에 있다. 또 남쪽 127리에 있다.

임명천(臨溟川) 주 남쪽 62리에 있다. 원류는 덕만동(德萬洞)에서 나와 동쪽으로 흘러 바다에 들어간다.

부서천(浮瑞川) 주 서쪽 3리에 있다. 원류는 두리산에서 나와 사하북(斜下北) 물과 합하여 남쪽으로 흘러 바다에 들어간다.

사하동천(斜下洞川) 주 서쪽 6리에 있다. 부서천과 합한다.

유진(楡津) 주 남쪽 70리에 있다.

벌장포(伐長浦) 주 남쪽 82리에 있다.

다신포(多信浦) 주 동쪽 50리에 있다. 바로 부서천 하류이다. 또 동쪽으로 흘러 바다에 들어간다.

쌍포(雙浦) 주 남쪽 78리에 있다. 쌍개원(雙介院)에 자세히 보인다.

대통동 온천(大筒洞溫泉) 주 서쪽 91리에 있다.

약수리 온천(藥水里溫泉) 주 북쪽 30리에 있다.

를 지칭하는지는 불분명하다.《陶谷集 卷11 刑曹判書尹公神道碑銘》

대사동 온천(大寺洞溫泉) 주 서쪽 45리에 있다.

건자개동 온천(乾者箇洞溫泉) 주 서쪽 13리에 있다.

천도(穿島) 주 남쪽 105리에 있다. 기암(奇巖)이 바다 안에 우뚝 서 있는데, 모양이 홍문(虹門 홍예문) 같아서 천도라고 하였고, 작은 배가 그 가운데를 통해 드나든다. 그 옆의 해변에 쌍개원이 있다. ○ 본조 황정욱(黃廷彧)의 시[150] 〈천도를 노닐다〔遊穿島〕〉에,

구지에 몰래 통하는 구멍이 작게 나 있다 하여[151]	仇池小有潛通地
눈 크게 뜨고 가슴 열고서 바닷가 누대 오르니	極目披襟海上臺
드넓은 운몽택 여덟아홉 개 고루 삼키고[152]	八九平呑雲夢闊
삼천 리 머나먼 길 돌아오는 사신 배 보이네[153]	三千遠覩漢槎迴

150 황정욱(黃廷彧)의 시 : 〈천도를 노닐다〔遊穿島〕〉이다. 《芝川集 卷2》

151 구지(仇池)에……하여 : 구지는 감숙성(甘肅省)에 있는 산 이름인데, 산 위에 백 경(百頃)쯤 되는 못이 있고 사면이 높은 절벽을 이루어 빼어난 경치로 유명하다. 구지산(仇池山)으로 들어가는 작은 구멍이 동쪽과 서쪽 두 군데에 있으며, 못은 너비가 반경 20리에 이르고 그곳 못에서 자라는 고기를 먹으면 신선이 된다고 전한다. 두보(杜甫)의 〈진주잡시(秦州雜詩)〉 제14수에 "만고라 옛적부터 구지 구멍이, 별천지 소유천과 몰래 통했지. 신기한 고기 본 사람 없어도, 복지란 말 정말로 전해 온다네.〔萬古仇池穴, 潛通小有天. 神魚人不見, 福地語眞傳.〕" 하였다. 《杜詩詳註 卷7》

152 드넓은……삼키고 : 운몽택은 초(楚)나라 대택(大澤)의 이름으로 사방이 900리나 된다고 한다. 사마상여(司馬相如)의 〈상림부(上林賦)〉에 "초나라에는 칠택이 있고 그중 하나인 운몽택은 사방이 구백 리인데, 운몽택 같은 것 여덟아홉 개를 삼켜도 가슴속에 조금도 거리낌이 없다.〔楚有七澤, 其一曰雲夢, 方九百里. 呑若雲夢者八九, 其於胸中, 曾不蔕芥.〕"라고 한 데서 온 말로 광대한 포부를 품은 것을 비유하여 쓰인다.

153 삼천……보이네 : 한(漢)나라 때 장건(張騫)이 뗏목을 타고 먼 외국인 대하(大夏)로 사신 갔던 데서 유래한다. 장건은 한나라 건원(建元) 2년(기원전 139)에 사명(使命)을 띠고 월지(月支)로 가다가 흉노에게 붙잡혀 10여 년간 구류되었다. 《漢書 張騫傳》 황정욱은 종계변무(宗系辨誣)의 일로 명(明)나라에 사신을 다녀오기도 하였는데, 임진왜란 이후 죄를 얻어 길주에 유배되었으므로 장건의 고사에 자신의 신세를 비유한 것으로 보인다.

푸른 물결 광대하여 고래들 맘껏 뛰노는데	滄波浩渺鯨爭戲
하늘이 어슴푸레해지더니 비가 갑자기 쏟아지네	碧落霏微雨驟來
늙어가매 장관은 참으로 마음 흔쾌하게 하니	老去壯觀眞快意
그동안의 근심 번뇌 모조리 재가 되는구먼	向來憂惱摠成灰

하였다.

토산 土産

명주실〔絲〕, **삼**〔麻〕, **철**(鐵), 다신포(多信浦)에서 난다. **녹반**(綠礬), 현 10리에서 난다. **사철**(沙鐵), 주 서쪽 40리에 있는 서제동(西齊洞)에서 난다. **백토**(白土), 서북쪽의 최세동(崔世洞)에서 난다. **홍화**(紅花), **화피**(樺皮), **지치**〔紫草〕, **오미자**(五味子), **인삼**(人蔘), **송이버섯**〔松蕈〕, **꿀**〔蜂蜜〕, **황랍**(黃蠟), **녹용**(鹿茸), **사향**(麝香), **영양**(羚羊), **매**〔鷹〕, **해달**(海獺), **수달**(水獺), **황서**(黃鼠), **청서**(靑鼠), **담비**〔貂〕, **섬수**(蟾酥), **소금**〔鹽〕, **대구어**(大口魚 대구), **비목어**(比目魚), **문어**(文魚), **연어**(鰱魚), **송어**(松魚), **황어**(黃魚), **은어**(銀魚 도루묵), **고등어**〔古刀魚〕, **전복**〔鰒〕, **홍어**(洪魚), **삼치**〔麻魚〕, **방어**(魴魚), **임연수어**(臨淵水魚), **조개**〔蛤〕, **홍합**(紅蛤), **자해**(紫蟹), **게**〔蟹〕, **해삼**(海蔘), **고리마**(古里麻), **미역**〔藿〕, **곤포**(昆布), **해대**(海帶 다시마), **용편**(龍鞭)

성곽 城郭

주성(州城) 돌로 쌓았다. 둘레가 4526자이다. 2개[154]의 문을 세웠는데, 동문을 -원문 1, 2자 결락-이라 하고, 남문을 -원문 1, 2자 결락-이라 한다. 안에 우물이 6개 있다.

공서 公署

성진 첨절제사진(城津僉節制使鎭) 주 남쪽 60리에 있다. 석성(石城)이고 둘레가 -원문 7, 8자 결락- ○ 병마첨절제사(兵馬僉節制使) 1인이 있다. ○ 예전에는 토성(土城)과 성안에 해창(海倉)이 있었는데 오래도록 폐해졌다가 광해군(光海君) 때에 관찰사 최관(崔灌)이 개척하여서 성을 쌓고 포루(砲樓)를 세웠으며 첨절제사를 두었다. 성안의 우물과 샘은 물맛이 좋지 않고 성 밖에도 샘이 있다. 최관은 다시 외성(外城)을 쌓았는데, 뒤쪽 산봉 정상에서 시작하여 좌우로 연이어 각각 백수십 보를 뻗어 나가 그 양쪽의 끝이 바다까지 들어가 멈춘다. 정경세(鄭經世)의 기문(記文)[155]에 말하기를 "장백산의 한 줄기가 남쪽으로 뻗어서 마천령이 되고, 또 동쪽으로 달려 바다로 들어가서 성진이 되었다. 성진의 좌우와 앞쪽 3면은 모두 바다이며, 오직 뒤쪽 1면만이 육지와 연결되어 있으면서 높은 봉우리가 우뚝 솟아 있다. 이는 바로 사방이 막힌 천연의 요새이자 남북이 교역하는 한 도의 요

154 2개 : 대본에는 '□'으로 되어 있는데, 문맥에 근거하여 '□'에 '二'를 보충하여 번역하였다.

155 정경세(鄭經世)의 기문(記文) : 〈성진산성에 있는 영해루에 대한 기문(城津山城嶺海樓記)〉이다. 《愚伏集 卷15》

충지를 차지하니, 참으로 이른바 우리나라의 요지가 되는 동시에 적들에게는 해가 되는 곳으로, 반드시 지켜 내야지 잃어서는 안 되는 지역이다." 하였다.

서북 만호진(西北萬戶鎭) 주 서쪽 67리에 있다. 돌로 쌓았다. 둘레가 1542자이다. ○ 병마만호(兵馬萬戶) 1인이 있다.

사하북 만호진(斜下北萬戶鎭) 주 서쪽 43리에 있다. 돌로 쌓았다. 둘레가 953자이다. 강정왕(康靖王 성종) 25년(1494)에 만호를 없애고 권관(權管)을 두었다.

장군파 만호진(將軍坡萬戶鎭) 주 북쪽 66리에 있다. 돌로 쌓았다. 둘레가 1464자이다. 안에 우물이 2개 있다. ○ 공희왕 16년(1521)에 이덕보(梨德堡)를 없애고 이곳으로 옮겼다. 병마만호 1인을 두었다.

학교 學校

향교(鄕校) 주 동남쪽 2리에 있다.

궁실 宮室

객관(客館) 본조 정초(鄭招)의 시에,

바람에 먼지 날리는 이곳 전쟁터였건만	風塵曾戰地
밥 짓는 연기는 태평 시대의 백성들이도다	煙火太平民
산하를 끌어들여 웅장한 곳에	控引山河壯
관청을 새로 지어 산뜻하여라	經營館宇新

동떨어진 지역도 절제가 행해지고　　殊方通節制
사나운 오랑캐도 화친을 요청해 오네　　獷俗乞和親
임금의 교화가 이제 널리 미치어　　聖化今無外
서생이 말고삐를 잡고서 순행하네　　書生按轡巡

하였다. ○ 본조 신숙주(申叔舟)의 시[156]에,

주를 옮겨 새로 터 잡았건만　　移州曾卜地
돌을 모아 성을 이루지 못하였네　　聚石不成城
수목은 어느 때건 보이고　　樹木時時見
구름낀 산이 곳곳마다 평원 이루네　　雲山處處平
군사 지휘하여 군진 병법 시험하고　　麾軍試陣法
고적 찾아 백성 민심 증험하네　　訪古驗民情
절도사로서 재주 없음 부끄러운데　　節度愧才拙
변방 순시를 감히 영화롭게 여기랴　　巡邊敢自榮

하였다.

압해정(壓海亭) 예전에 해안가에 있었는데, 지금은 옮겨 마천령 위에 지었다.

조일헌(朝日軒) 성진진(城津鎭)에 있다. ○ 본조 정두경(鄭斗卿)의 시[157]에,

바닷가의 외론 성 북두성과 나란하매　　海上孤城北斗齊
성가퀴 높아 흰 구름을 내려 누르누나　　女墻高壓白雲低
봄 하늘의 신기루는 누각 모양 이루었고　　春天蜃氣成樓閣

156 신숙주(申叔舟)의 시 : 〈길주 동헌 시에 차운함〔次吉州東軒韻〕〉이다. 《保閑齋集 卷8》

157 정두경(鄭斗卿)의 시 : 앞 6구는 〈성진(城津)〉이고, 다음 7, 8구는 〈능한산성에 올라〔登凌漢山城〕〉이다. 《東溟集 卷7》

저물녘의 거센 파도 소리 고비[158]에 들어오네　　落日鯨濤入鼓鼙
사막 아직 안 맑아져 나쁜 기운 끼어 있어　　沙漠未淸氛祲惡
봉래산에 가려 해도 길을 아는 사람 없네　　蓬萊欲到古今迷
서생인 난 연연산[159]에 명 새길 수 없으매　　書生未勒燕然石
공연스레 술잔 잡고 흠씬 취해나 보네　　空把淸樽醉似泥

하였다. ○ 본조 황호(黃㦿)의 시[160]에,

최공[161]이 이 성을 쌓은 본뜻은　　崔公本意築斯城
변방에서 봉홧불로 서울 비추려 함이지　　擬絶邊烽照上京
천연의 해자 둘러 있어 형세 장엄하고　　天塹周遭形勢壯
둥근 해 불쑥 솟아 꿈속의 혼도 놀라네　　日輪騰擲夢魂驚
누대 앞에 패궐[162] 불빛 서로 비추이고　　樓前貝闕光相映

158 고비(鼓鼙) : 고대에 군중(軍中)에서 쓰던 악기로 큰북과 작은북을 가리키는데, 전하여 군사들이 치는 북소리를 말한다.

159 연연산(燕然山) : 몽고 지방에 있는 산으로 항애산(杭愛山)이라고도 불리운다. 후한 화제(後漢和帝) 1년(89)에 거기장군(車騎將軍) 두헌(竇憲)이 남선우(南單于) 및 강호(羌胡)의 군사들을 거느리고 계락산(稽落山)에서 북선우(北單于)와 싸워 크게 승리하여 연연산을 점령하고 돌아왔는데, 그 공적을 기리기 위해 반고(班固)에게 명해 명(銘)을 지어 그곳에 비석을 세웠다 한다.《後漢書 竇憲列傳》

160 황호(黃㦿)의 시 : 〈성진진 조일헌에서 외왕부 시에 차운하다〔城津鎭朝日軒次外王父韻〕〉이다.《漫浪集 卷4》

161 최공(崔公) : 함경 순찰사(咸鏡巡察使) 최관(崔瓘)을 말한다. 1615년(광해군7) 최관이 북병사(北兵使) 이영상(李英相)과 함께 여진(女眞)의 침입을 막기 위해 본디 있던 토성의 외곽에 석성(石城)을 둘러쌓고 바다에 닿은 양쪽의 성곽 끝자락에 초문(譙門)을 설치하였는데, 이때 아울러 영해루(嶺海樓), 망해정(望海亭), 조일헌(朝日軒), 참경대(斬鯨臺) 등도 설치하였다.《愚伏集 卷15 城津山城嶺海樓記》

162 패궐(貝闕) : 자색(紫色)의 조개껍질로 장식한 궁궐이다. 물의 신 하백(河伯)이 산다는 곳으로 속칭 용궁(龍宮)을 말한다.

난간 밖 호산 바라보니 되레 평평하네	檻外湖山望却平
만리타향에서 올라 보니 생각이 끝도 없어	萬里登臨無限思
봉래산 어느 곳에서 장생약 물을꼬	蓬萊何處問長生

하였다. ○ 본조 김세렴의 시[163]에,

오경의 하늘과 바다 푸른 빛이 흐릿한데	五更天海碧糢糊
백 척 높은 난간에서 적소[164]를 굽어보네	百尺危欄俯積蘇
홀연 육룡이 솟는 해 받쳐 드는 것 보고	忽見六龍擎出日
비로소 황금 대궐이 방호산[165]에 숨은 것 알았네	始知金闕隱方壺
절벽에 부딪치는 물결이 천둥 벼락 소리 내는데	懸崖擊浪雷霆合
산꼭대기 초루에는 흰 성가퀴만 홀로 있네	絶頂譙樓粉堞孤
문득 부상에 사신 갔던 때[166]가 생각나니	却憶扶桑奉使日
실진[167]의 층층 누각에서 평도[168]를 바라보았지	室津層閣看平都

163 김세렴의 시 : 〈성진조일헌(城津朝日軒)〉이다. 《東溟集 卷5》

164 적소(積蘇) : 쌓아 놓은 땔나무로 인가를 말한다. 주(周)나라 목왕(穆王)이 일찍이 도사(道士)를 따라 천상(天上)에서 노닐 적에 인간 세계를 내려다보니, 그 건물들이 마치 '포개 놓은 흙덩이나 쌓아 놓은 땔나무〔累塊積蘇〕'처럼 보였다는 고사에서 나온 말이다. 《列子 周穆王》

165 방호산(方壺山) : 바다 가운데 있다는 신선이 사는 산 이름으로 일명 방장(方丈)이라고도 한다. 발해(勃海) 동쪽에 큰 구렁이 있으며, 그 가운데 다섯 산이 있는데 그 셋째가 방호산이다.

166 부상(扶桑)에……때 : 부상은 동해(東海) 속의 신목(神木)으로 해가 뜰 때 이 나뭇가지를 떨치고서 솟구쳐 올라온다고 한다. 보통 동쪽 지방이나 동쪽 나라를 가리키는데, 여기서는 일본을 지칭한 것이다. 김세렴은 44세 때인 1636년(인조14) 8월에 통신사 부사(通信使副使)로서 일본에 가서 이듬해 복명하였으며, 《해사록(海槎錄)》을 지었다.

167 실진(室津) : 지금의 일본 병고현(兵庫縣)에 있는 항구이다.

168 평도(平都) : 경도(京都 교토), 강호(江戶 에도)와 함께 일본의 세 도읍이라 칭해지는 대판(大阪 오사카)을 가리키는 듯하다. 서경(西京)이라고도 하는데, 우리나라 통신사가 일본에 출입할 때 제일 먼저 거치고 머물렀던 곳이다. 《해사록》에 "대판성(大坂城)은 구릉을 이용하

하였다.

영해루(嶺海樓) 성진진성(城津鎭城)에 있다. 성의 좌우에 모두 초문(譙門)을 설치하고, 좌측의 초문에 '영해루'라고 편액하였다. 성이 끝난 곳에 큰 돌을 쌓은 다음 정장(亭障)을 설치하여 흡사 산해관(山海關)의 망해정(望海亭)과 비슷하게 만들었으니, 편액도 망해정이라고 하였다.

봉수 烽燧

향교현 봉수(鄕校峴烽燧) 주 남쪽 3리에 있다. 남쪽으로 산성(山城)에 응하고, 북쪽으로 녹반재(綠礬岾)에 응하고, 서쪽으로 최세동(崔世洞)과 금만덕(金萬德)에 응한다.

녹반재 봉수(綠礬岾烽燧) 주 북쪽 11리에 있다. 북쪽으로 명천부의 고참현(古站峴)에 응하고, 서쪽으로 같은 부 입암(立巖)에 응하고, 남쪽으로 향교현에 응한다.

산성 봉수(山城烽燧) 주 남쪽 28리에 있다. 북쪽으로 향교현에 응하고, 남쪽으로 유진(楡津)에 응한다.

유진 봉수(楡津烽燧) 남쪽으로 벌장포(伐長浦)에 응하고, 북쪽으로 산성에 응한다.

벌장포 봉수(伐長浦烽燧) 남쪽으로 단천군의 호타리(胡打里)에 응하고, 북

여 요새를 설치한 것인데, 북쪽에는 큰 강이 있고 동쪽은 평평한 육지에 연하였으며 서쪽은 해안에 임하였는데, 중첩의 누(樓)와 층층의 각(閣)이 몇 리에 걸쳐 이어졌고 여염이 번성하여 수만여 호나 되었다." 하였다.

쪽으로 유진에 응한다.

최세동 봉수(崔世洞烽燧) 주 서쪽 26리에 있다. 동쪽으로 향교현에 응하고, 서쪽으로 장항(獐項)에 응한다.

장항 봉수(獐項烽燧) 주 서쪽 49리에 있다. 동쪽으로 최세동에 응하고, 북쪽으로 옥천동(玉泉洞)에 응한다.

옥천동 봉수(玉泉洞烽燧) 주 서쪽 68리에 있다. 서쪽으로 대동(大洞)에 응하고, 남쪽으로 장항에 응한다.

대동 봉수(大洞烽燧) 주 서쪽 87리에 있다. 동쪽으로 옥천동에 응한다.

금만덕 봉수(金萬德烽燧) 주 서쪽 34리에 있다. 동쪽으로 향교현에 응하고, 서쪽으로 방장(防墻)에 응한다.

방장 봉수(防墻烽燧) 주 서쪽 47리에 있다. 동쪽으로 금만덕에 응한다.

신증 新增

서산 봉수(西山烽燧) 주 북쪽 70리에 있다. 북쪽으로 경천부의 기운봉(起雲峯)에 응하고, 동쪽으로 중봉(中峯)에 응한다.

장현 중봉 봉수(長峴中峯烽燧) 주 북쪽 56리에 있다. 서쪽으로 서산에 응하고, 남쪽으로 최세동에 응한다.

오갈암 봉수(烏曷巖烽燧) 주 서쪽 72리에 있다. 서쪽으로 대동에 응하고, 남쪽으로 장항에 응한다. 중종 11년(1516)에 옥천동 봉수를 폐하고 이곳으로 옮겼다.

응봉 봉수(鷹峯烽燧) 주 서쪽 130리에 있다. 북쪽으로 유덕(榆德)에 응하고, 남쪽으로 서산 중봉(西山中峯)에 응하고, 서쪽으로 단천(端川)의 백덕(柏德)에 응한다.

서산 중봉 봉수(西山中峯烽燧) 주 서쪽 102리에 있다. 북쪽으로 응봉에 응하고, 동쪽으로 유덕에 응한다.

유덕 봉수(楡德烽燧) 주 서쪽 65리에 있다. 서쪽으로 서산 중봉에 응하고, 동쪽으로 향교현에 응한다.

장동 봉수(場洞烽燧) 주 남쪽 60리에 있다. 북쪽으로 산성에 응하고, 남쪽으로 기이리동(岐伊里洞)에 응한다. 홍치(弘治) 기미년(1499, 연산군5)에 유진 봉수를 폐하고 이곳으로 옮겼다.

기이리동 봉수(岐伊里洞烽燧) 주 남쪽 95리에 있다. 북쪽으로 장동에 응하고, 남쪽으로 단천의 호타리에 응한다. 중종 7년(1512)에 벌장포 봉수를 폐하고 이곳으로 옮겼다.

우역 郵驛

임명역(臨溟驛) 주 남쪽 61리에 있다. 본조 이안눌(李安訥)의 시[169]에,

산마루 외딴 객관 푸른 바다 굽어보고	山椒孤館俯滄溟
가을 물 너른 하늘 한 빛으로 푸르네	秋水長空一樣青
사람들은 저녁 연기 두르고 옛 역에 돌아가고	人帶夕煙歸古驛
기러기는 찬비 몰며 저 멀리 물가를 지나가네	雁驅寒雨過遙汀
고을 백성 절반은 오랑캐 말 하고	邑氓半作胡兒語
북관 산들 대부분 한나라 지형 아닐세	關嶺多非漢地形
머리 돌려 바라보니 서울은 몇 천 리에 있는고	回首神京幾千里

169 이안눌(李安訥)의 시 : 〈임명관(臨溟館)〉이다. 《東岳集 卷1》

변방 하늘에 퍼지는 상각[170] 소리 차마 못 듣겠네　　　塞天霜角不堪聽

하였다.

영동역(嶺東驛) 주 남쪽 91리에 있다. 우리 태종 14년(1414)에 처음 설치하였고, 관 앞에 누정이 있다. 이안눌의 시[171]에 "거대한 산령이 하늘 반쪽 가로질러 있고, 텅 빈 누정은 바닷가 옆에 있네.〔大嶺橫天半 虛亭傍海潯〕" 하고, 또 시[172]에,

새 다니는 길 관산 너머로 나 있고　　　鳥道關山外
가을 깊어 해 금방 어두워지네　　　秋高日易陰
별자리는 남두성[173]에서 멀리 떨어져 있고　　　星分南斗遠
땅은 북쪽 바다로 깊이 들어가 있네　　　地入北冥深
구역은 오랑캐와 중화를 아우르니　　　區域幷夷夏
전란 이는 것은 예나 지금 그대롤세　　　風雲自古今
원대한 뜻 품은 남아라면　　　四方男子志
이곳에 올라 길게 휘파람 불게나　　　長嘯此登臨

하였다.

웅평역(雄平驛) 주 남쪽 3리에 있다. 우리 장헌왕(莊憲王 세종) 5년(1423)에 처음 설치하였다.

쌍개원(雙介院) 주 남쪽 105리, 천도 옆에 있다. 천도가 바다 안에 우뚝 서

170 상각(霜角) : 북쪽 변방의 수졸(戍卒)들이 부는 호각(號角)을 칭한다.

171 이안눌의 시 : 〈영동관(嶺東館)〉이다. 《東岳集 卷1》

172 시 : 앞 시의 제2수에 해당된다. 위의 주 171 참조.

173 남두성(南斗星) : 남쪽 하늘에 있는 말〔斗〕모양으로 생긴 여섯 개의 별을 칭하는데, 그 모양이 북두성(北斗星)과 비슷하므로 이렇게 칭한다. 남쪽 지방을 비유한다.

있고 가운데에 모양이 홍문과 같은 구멍이 있는데, 여진(女眞) 사람들이 구멍을 쌍개(雙介)라고 하므로 지역을 쌍개원이라고 이름하였다. 예전에는 압해정이 있었다.

마천령원(磨天嶺院) 마천령 아래에 있다.

관량 關梁

덕만동보(德萬洞堡) 주 서쪽 91리에 있다. 중종조에 쌓았다. 석성이고 둘레가 500자이다.

이덕보(利德堡) 주 북쪽 62리에 있다. 목책(木柵)이고 둘레가 550자이다.

사묘 祠廟

사직단(社稷壇) 주 서쪽에 있다.

문묘(文廟) 향교에 있다.

성황사(城隍祠) 주 동쪽 3리에 있다.

여단(厲壇) 주 북쪽에 있다.

사찰 寺刹

덕수암(德水菴) 예전에는 향수사(香水寺)라고 칭하였다.

장수사(長壽寺) 덕수암과 함께 성불산에 있다.

부흥사(復興寺) 설봉산에 있다.

고적 古蹟

고웅주(古雄州) 고려 예종 3년(1108)에 윤관이 여진을 몰아내고, 화관령 아래에 성곽 992칸을 쌓고 영해군 웅주방어사(寧海軍雄州防禦使)를 설치하였다가, 4년(1109)에 성을 철폐하고 그 땅을 여진에게 돌려주었다. 공민왕 때에 수복하였고, 공양왕 2년(1390)에 길주에 병합하였다. 《고려사(高麗史)》에 이르기를 "길주는 북쪽에 있고, 웅주는 남쪽에 있다." 하였는데, 지금 그 지역을 자세히 알 수 없다.

고영주(古英州) 고려 예종 3년에 윤관이 여진을 몰아내고, 몽라골령 아래에 성곽 990칸을 쌓고 안령군 영주방어사(安嶺軍英州防禦使)를 설치하였다가, 4년에 성을 철폐하고 여진에게 돌려주었다. 공민왕 때 수복하였고, 공양왕 2년에 길주에 병합하였다. 지금 그 지역을 자세히 알 수 없다. 《삼한회토기(三韓會土記)》를 살펴보면, "본국의 산맥은 모두 몽라골령에서 시작된다." 하고, 주(註)에 "몽라골령은 지금 명천과 갑산(甲山)의 경계로서 북쪽으로 호지(胡地)와 연접한 곳이다." 하였다. ○ 윤관이 병마영할(兵馬鈴轄) 임언(林彦)으로 하여금 그 일을 기록하여 영주(英州) 청사의 벽에 쓰게 하였으니, 기문에 이르기를 "《맹자》를 살펴보던, '약자는 실로 강자를 대적할 수 없고, 소국은 실로 대국을 대적할 수 없다.' 하였다. 나는 이 말을 외운 지 오래되었는데, 지금에 와서 믿게 되었다. 여진이 우리나라와 비교하여 형세의 강약이나 중과(衆寡)가 현격히 차이가 나는데도 변방을 몰래 염탐하고 있었다. 숙종(肅宗) 10년(1105)에는 틈을 타서 변란을 일으켜 우리 사민(士民)을 많이 죽이고 사로잡아가서 노예로 삼은 인원 또한 많았다. 이에 숙종이 진노하여 군대를 정비하고 장차 대의를 앞세워 토벌하고자 하였는데 애석하게도 그 일이 이루어지기 전에 승하하셨다. 금상(今上 예종)이 왕위를 이어 3년을 거상하고 상담(祥禫 대상(大祥)과 담제(禫祭))을 마치자마자 좌우 신하들에게 이르기를 '여진은 본래 고구려의 부락으로서 개마산(蓋馬山) 동쪽에 모여 살면서 대대로 우리나라에 조공하여 왔고 우리 조종의 은택을 많이 입었다. 그런데 하루아침에 무도하게도 배반하였으므로 부왕께서 대단히 진노하셨다. 일찍이 듣건대 옛사람이 큰 효도라고 칭하는 것은 어버이의 뜻을 잘 계승하는 것뿐이라고 하였다. 내가 이제 삼년상을 마치고 국사를 살피기 시작하였으니, 어찌 대의를 들어 저 무도한 적을 정벌함으로써 선군이 당한 치욕을 씻지 않을 수 있겠는가.'라고 하고, 마침내 명하여 수 사도 중서시랑평장사(守司徒中書侍郎平章事) 윤관을 행영 대원수(行營大元帥)로 삼고 지추밀원사 한림학사 승지(知樞密院事翰林學士承旨) 오연총(吳延寵)을 부원수(副元帥)로 삼아 정병(精兵) 30만 명을 거느리고 정벌을 전담하여 행하도록 하였다. 윤공(尹公 윤관)은 군사 일에 탁월한 인물로서 일찍이 김유신(金庾信)의 인품을 사모하며 말하기를 '김유신이 6월에 강물을 얼게 하여 삼군(三軍)을 건너게 하였으니, 이는 다름이 아니라 오로지 지극한 정성이 있었기 때문이다. 나도 그런 사람이 될 것이다.' 하였으니, 그 지극한 정성이 감응을 받아 신령하고 특이한 행적이 누차 소문이 났다. 오공(吳公 오연총)은 당시 중망이 있었고 천성이 신중하여 일을 처리할 때는 반드시 세 번 생각한 뒤에 실천하였으므로 그가 세운 훌륭하고 원대한 계책은 성공하지 못한 일이 없었다. 두 공은 일찍이 이 일에 뜻을 두고 있었으므로 왕명을 받고 분심이 격발되어 군사를 통솔하고 동쪽으로 떠났다. 출사하던 날에는 직접 갑옷과 투구로 무장하였는데, 군사들과 맹세도 하기 전에 눈물이 얼굴에 줄줄 흐르니, 명령을 따르려고 하지 않는 이가 없었다. 적군의 경내에 들어가자 삼군의 사기가 충천하여 일당백의 기세로 싸우니 승전의 용이함이 마른 나무를 꺾거나 대쪽을 쪼갠다는 말로도 비유가 부족할 정도였다. 목을 벤 것이 6000여 급(級)이고 그 궁시(弓矢)를 싣고 군진(軍陣) 앞에 나와 항복한 자가 5000여 명이었으며, 그 밖에 보기만 하다가 혼이 빠져 북쪽 끝까지 달아난 이들은 이루 다 헤아릴 수도 없다.

아, 여진이 어리석어서 형세의 강약이나 중과를 헤아리지 않고 스스로 멸망을 자초한 것이 이와 같다. 그 지역은 사방 300리인데 동쪽으로는 큰 바다에 이르고 서북쪽으로는 개마산에 끼어 있으며 남쪽으로는 장주(長州)와 정주(定州)에 접하고 있어 산천이 수려하고 토지가 비옥하여 우리 백성들이 거주할 만하다. 그런데 이곳은 본래 고구려의 영토로서 옛 비석과 유적이 아직까지 남아 있다. 대저 고구려가 전일에 잃었던 영토를 뒤에 금상께서 다시 찾은 것이니, 이 어찌 천명이 아니겠는가. 이에 새로 6성(城)을 설치하니, 첫째는 진동군 함주대도독부(鎭東軍咸州大都督府)로 병민(兵民)이 1948정호(丁戶)이고, 둘째는 안령군 영주방어사로 병민이 1238정호이고, 셋째는 영해군 웅주방어사로 병민이 1436정호이고, 넷째는 길주 방어사(吉州防禦使)로 병민이 680정호이고, 다섯째는 복주 방어사(福州防禦使)로 병민이 632정호이고, 여섯째는 공험진 방어사(公嶮鎭防禦使)로 병민이 532정호이다. 그리고 그들 가운데 출세하고 현명함과 재능이 있어서 그 임무를 감당할 만한 사람을 선발하여 진무하게 하였다. 이는《시경》에서 말한 '여기에서 울타리가 되며 여기에서 임금의 은택을 베풀어서〔于蕃于宣〕 왕실을 보호한다.〔以蕃王室〕'라는 것[174]이니, 이제부터

174 시경에서……것 : 《시경》〈숭고(崧高)〉에 "나라에 울타리가 되며 사방에 은택을 베풀

는 동쪽 국경에 대한 근심이 없이 베개를 높이 하고 편안히 잠들 수 있게 되었다. 원수께서 나에게 이르기를 '옛날 당나라 재상 배진공(裴晉公 배도(裴度))이 회서(淮西)로 출정하여 적을 평정한 뒤에 막사의 문객 한유(韓愈)에게 비(碑)를 세워 그 일을 널리 알리도록 하였으므로, 후세 사람들이 헌종(憲宗)이 영걸하여 남보다 뛰어난 덕이 있음을 알아서 노래하여 칭송하였다. 그대가 다행히 이곳에 종군하여 그 본말을 자세히 알고 있으니, 어찌 기록으로 남겨 우리 성명(聖明)한 임금의 전대에 없었던 위대한 업적이 후세에 영원히 전해지도록 하지 않겠는가.' 하였다. 이에 나 임언은 그 명을 받들어 붓을 들어 기록한다." 하였다.

고선화진(古宣化鎭) 이 또한 윤관이 설치한 것이다. 예종 4년에 성을 철폐하고 여진에게 돌려주었다. 공민왕 때에 수복하여 길주에 병합하였는데, 지금 그 지역이 분명하지 않다. 또 《고려사》에 "통태진(通泰鎭), 평융진(平戎鎭), 숭녕진(崇寧鎭), 진양진(眞陽鎭) 등은 모두 예종 3년에 윤관이 축성하였고 4년에 성을 철폐하고 여진에게 돌려주었다." 하였는데, 지면(地面)을 지금도 상고할 수 없다. 〈윤관열전(尹瓘列傳)〉에 "탁준경(拓俊京)이 정주(定州)에서 군사를 거느리고 길주를 구원하기 위해 통태진 길을 따라 야등포(也等浦 부서천(浮瑞川))로부터 길주에 이르렀다." 하였으니, 그렇다면 통태진은 의당 길주 이남에 있어야 한다.

도다〔四國于蕃, 四方于宣.〕"라고 하고, 《서경》 〈미자지명(微子之命)〉에 "공경하여 가서 너의 가르침을 펴 너의 복명을 삼가서 떳떳한 법을 따라 왕실에 울타리가 되며〔欽哉! 往敷乃訓, 愼乃服命, 率由典常, 以蕃王室.〕"라고 한 데서 인용한 말이다. 〈숭고〉는 선왕(宣王)이 변방의 제후국에 외숙 신백(申伯)을 보내 다스리게 하여 천하를 화평하게 한 덕을 찬미한 시이고, 〈미자지명〉은 성왕(成王)이 미자를 송(宋)에 봉하여 다스리게 하면서 고명(誥命)한 글이다.

다신산성(多信山城) 주 남쪽 31리에 있다. 강성(江城)이라고 부른다. 둘레가 1만 5075자이며, 안에 못이 10개 있다. 예전에는 군창(軍倉)이 있어서 저장된 곡식이 매우 많았는데, 이시애의 군대가 패할 대에 태워 버리고 갔다. 산 아래에 또 석성이 있었고 둘레가 2805자였는데 지금은 없어졌다. 세속에서 오포성(吾布城)이라고 칭하였다.

소파온고성(所波溫古城) 주 남쪽 89리에 있다. 흙으로 쌓았다. 둘레가 1만 2020자이다. 지금은 없어졌다.

산성(山城) 주 남쪽 34리에 있다. 돌로 쌓았다. 둘레가 4405자이다. 지금은 절반이 허물어졌다.

태신고성(泰神古城) 주 남쪽 51리에 있다. 돌로 쌓았다. 둘레가 3127자이다. 지금은 없어졌다.

명환 名宦

고려

허재(許載) 9성(城)을 쌓을 때에 중군 녹사(中軍錄事)로서 와서 지켰다. 이때에 여진이 공격해 오자 허재가 병사들을 독려하여 하룻밤 사이에 다시 겹성을 쌓아 막으니 적들이 마침내 물러갔다. 뒤에 또 길주의 관문 밖에서 여진을 공격하여 3000여 명을 죽이고, 그들의 갑옷과 병기를 노획하였으며, 그 공로로 잡단(雜端)으로 승진하였다.

본조

하경복(河敬復) 도절제사(都節制使)로서 판길주목사(判吉州牧使)를 겸임하였다.

유강(柳江) 공순왕조(恭順王朝 문종)에 길주 목사가 되었는데, 정사 고과에서 최고를 받았으므로 가정대부에 오르고 회령 절제사(會寧節制使)로 전보되었다.

유우 流寓

김구경(金久冏) 본조 □□ 사람인데, 일에 연좌되어 유배 와서 살았다.

조헌(趙憲) 본조 김포(金浦) 사람이다. ○ 소경왕조(昭敬王朝 선조)에 일찍이 현감이 되었다. 당시 왜추(倭酋) 평수길(平秀吉)이 여러 차례 사신을 보내 화친을 요구하자, 조헌이 몹시 우려하여 글을 올려 아뢰기를 "평수길은 찬적(簒賊)이니 화친해서는 안 됩니다. 종국에는 필시 변고가 있을 것입니다." 하였다. 또 시정(時政)을 극력하게 논하여 당로(當路)의 미움을 받아서 길주 영동역(嶺東驛)에 유배되었다. 사객(使客)이 왕래할 때면 조헌은 그때마다 갓에 깃털을 꽂고 전도(前導)하였으므로 사객이 이 역을 피해 갔다. 혹자가 그에게 묻기를 "유배 온 자들의 옛 관례(慣例)가 있는데[175] 지금 어찌하여 예에 벗어난 행동을 합니까?" 하자, 조헌이 답하기를 "조정에서 죄인을 유배시키는 것은 잔폐한 역을 보충하기 위함이므로 이것이 내 분

175 유배……있는데 : 예전부터 유배되어 역(驛)에 배치된 경우, 모두 노비가 대신 부역(賦役)을 맡게 하거나 아예 면제받는 것이 전례였다고 한다.《重峯集 附錄 卷1 年譜》

수 안의 일이니 감히 최선을 다하지 않을 수 없다." 하였다. 왜국 사신이 다시 왔다는 말을 듣고 조헌은 유배 중에 또 상소를 올려, 죄를 성토하여 왜국 사신을 베고 명(明)나라에 주달하여 그 간악함을 끊도록 청하였으니, 수천 마디나 되는 상소였는데 임금이 살피지 못하였다. 오래지 않아 조헌은 석방되어 돌아왔는데, 그 후 3년 뒤에 왜적이 크게 침략하였고 조헌은 결국 의병을 일으켜 싸우다가 순절하였다.

인물 人物

본조

서원기(徐原起) 서지리(西之里) 사람이다. 효행으로 정문(旌門)이 세워지고, 뒤에 관직이 사재감 영(司宰監令)에 이르렀다.

명천현明川縣

동쪽으로 경성부(鏡城府) 경계까지 6리이다. 북쪽으로 같은 부 경계까지 7리이다. 남쪽으로 해안까지 170리이다. 서쪽으로 길주(吉州) 경계까지 44리이다. 서울과의 거리는 1556리이다.

한전 旱田

수전 水田

건치연혁 建置沿革

본래 길주(吉州) 지역이다. 본조 예종(睿宗) 1년(1469)에, 고을 사람 이시애(李施愛)가 반란을 일으킨 일로 길주를 강등하여 길성현(吉城縣)으로 삼고, 장덕산(長德山) 북쪽을 떼어 내 따로 현을 설치하여 명원역(明原驛)을 치소(治所)로 삼고 그대로 명천(明川)이라고 명명하였다. 중종(中宗) 7년(1512)에 길주에 편입시켰다가 8년(1513)에 다시 설치하였다. 관장하는 면은 □개이다.

관원

현감(縣監), 훈도(訓導) 각 1인이다.

지금 증보하건대 선조(宣祖) 때 승격시켜 도호부(都護府)로 삼았다.

군명 郡名

별호는 명원(明原)이다.

산천 山川

영평산(永平山) 현 남쪽 32리에 있다. 진산(鎭山)이다.

마유산(馬乳山) 현 남쪽 164리에 있다.

칠보산(七寶山) 현 동쪽 56리에 있다. 불태워 밭으로 개간하면 나복(蘿葍무)이 절로 자라난다. 온 산이 모두 그러하다. 본조 허적(許樀)의 시[176]에,

한 길로 처음엔 수풀 사이를 따라가다가	一路初緣萬木中
개심대 위에 올라 뭇 산봉우리 마주하네	開心臺上對群峯
석양빛이 다시 금강굴로 들어가니	夕陽更向金剛窟
산 숲에는 구름 안개 두텁게 내려앉네	飛下林巒雲霧重

하였다. 본조 김세렴(金世濂)의 시[177]에,

칠보산이 바닷가에 중후하게 자리하여	七寶重溟上

176 허적(許樀)의 시 : 〈칠보산에서 놀다〔遊七寶山〕〉이다. 《水色集 卷2》

177 김세렴(金世濂)의 시 : 〈문암에서 칠보산을 바라보다〔門巖望七寶山〕〉이다. 《東溟集 卷5》

맑은 하늘에 옥 봉오리 드러내었네	晴空露玉岑
문암에서 그저 눈 닿는 데까지 바라보니	門巖徒極目
사석[178]에 새삼 마음이 쏠리네	寺石更馳心
시냇가 나뭇잎에 가을 빛 맑고	澗葉澄秋色
오랑캐 하늘에 저녁 그늘 드리우네	胡天下夕陰
후일에 혹 다시 이른다면	他年儻再到
절정에 올라 마냥 굽어보리라	絶頂費登臨

하였다.

백록산(白鹿山) 현 서쪽 59리에 있다.

가을마산(加乙亇山) 현 남동쪽 173리에 있다.

국화대산(菊花臺山) 현 남쪽 125리에 있다.

우화령(于禾嶺) 현 남쪽 30리에 있다.

숭산(崇山) 현 남쪽 31리에 있다. 산꼭대기에 기이한 바위가 우뚝 서 있다.

바다〔海〕 현 동남쪽 170리에 있다.

대천(大川) 현 서쪽 12리에 있다. 속명은 우화천(于禾川)이다. 그 원류가 둘인데, 하나는 백록산에서 나오고, 하나는 장백산(長白山)에서 나와서 북으로 흘러 사마동보(斜亇洞堡)를 지나 동쪽으로 경성부 경계에 이르러 바다에 들어간다.

양도(羊島) 현 남쪽 154리에 있다. 대나무를 심었다.

송도(松島) 현 동쪽 73리, 황진(黃津) 변에 있다.

178 사석(寺石) : 사암(寺巖)이라고도 하며, 칠보산의 기암(奇巖) 가운데 하나이다. 《藥泉集 卷28 北關十景圖記》

난도(卵島) 현 남쪽 290리, 바다 안에 있다. 바윗돌이 험준하여 사람이 다니지 않으니, 새매류가 많이들 거기서 새끼를 기른다.

황진리 온천(黃津里溫泉) 현 동쪽 65리에 있다.

토산 土産

명주실〔絲〕, 삼〔麻〕, 옻〔漆〕, 화피(樺皮), 토삼청(土三靑), 영평산(永平山)에서 난다. 주석(朱石), 현 남쪽 황토동(黃土洞)에서 난다. 석이버섯〔石蕈〕, 복령(茯苓), 인삼(人蔘), 오미자(五味子), 매〔鷹〕, 꿀〔蜂蜜〕, 황랍(黃蠟), 사향(麝香), 영양(羚羊), 담비〔貂〕, 황서(黃鼠), 청서(靑鼠), 수달(水獺), 해달(海獺), 소금〔鹽〕, 대구어(大口魚 대구), 문어(文魚), 비목어(比目魚), 홍합(紅蛤), 전복〔鰒〕, 은어(銀魚 도루묵), 삼치〔麻魚〕, 송어(松魚), 연어(鰱魚), 황어(黃魚), 자해(紫蟹), 게〔蟹〕, 해삼(海蔘), 방어(魴魚), 무태어(無泰魚), 쌍어(雙魚), 곤포(昆布), 해대(海帶 다시마), 미역〔藿〕, 고리마(古里麻), 용편(龍鞭)

성곽 城郭

현성(縣城) 중종 12년(1517)에 처음 쌓았다. 석성(石城)이고 둘레가 3300자이다. 문이 있으며 성안에 우물이 2개 있다.

공서 公署

사마동 만호진(斜亇洞萬戶鎭) 현 북쪽 32리에 있다. 돌로 쌓았고, 둘레가 1373자이다. 병마만호(兵馬萬戶) 1인이 있다. 중종 20년(1525)에 만호를 없애고 권관(權管)을 두었다.

학교 學校

향교(鄕校) 현 남쪽 2리에 있다.

궁실 宮室

객관(客館)

봉수 烽燧

건가토 봉수(件加土烽燧) 현 북쪽 8리에 있다. 북쪽으로 경성(鏡城)의 이마퇴(尼麽退)에 응하고, 남쪽으로 영평산(永平山)에 응하고, 서쪽으로 화파(樺坡)에 응한다.

영평산 봉수(永平山烽燧) 북쪽으로 건가토에 응하고, 남쪽으로 고참현(古站峴)에 응한다.

고참현 봉수(古站峴烽燧) 현 남쪽 42리에 있다. 북쪽으로 영평산에 응하고, 남쪽으로 길주의 녹반현(綠礬峴)에 응한다.

화파 봉수(樺坡烽燧) 현 북쪽 20리에 있다. 동쪽으로 건가토에 응하고, 북쪽으로 원산(圓山) 및 사마동 남봉(斜亇洞南峯)에 응하고, 서쪽으로 임연세동(林延世洞)에 응하고, 남쪽으로 농보 전현(農堡前峴)에 응한다.

사마동 남봉 봉수(斜亇洞南峯烽燧) 현 북쪽 21리에 있다. 남쪽으로 화파 및 임연세동에 응하고, 북쪽으로 원산에 응한다.

임연세동 봉수(林延世洞烽燧) 현 남쪽 34리에 있다. ㅎ쪽으로 화파에 응하고, 남쪽으로 우화령 농보 전현에 응한다.

농보 전현 봉수(農堡前峴烽燧) 현 남쪽 46리에 있디. 북쪽으로 화파에 응하고, 서쪽으로 입암(立巖)에 응한다.

입암 봉수(立巖烽燧) 현 남쪽 58리에 있다. 북쪽으로 농보 전현에 응하고, 남쪽으로 길주의 녹반현에 응한다.

원산 봉수(圓山烽燧) 현 북쪽 40리에 있다. 남쪽으로 사마동 남봉 및 화파에 응하고, 북쪽으로 경성의 이파(梨坡)에 응한다.

신증新增

사마동 이흥도대 봉수(斜亇洞李興道代烽燧) 현 ㄴ쪽 65리에 있다. 북쪽으로 경성의 강가덕(姜加德)에 응하고, 남쪽으로 송치생대(宋致生代)에 응한다. 공희왕(恭僖王 중종) 16년(1521)에 원산 봉수를 폐하고 여기에 합쳤다.

송치생대 봉수(宋致生代烽燧) 현 북쪽 95리에 있다-. 북쪽으로 이흥도대에 응하고, 남쪽으로 기운봉(起雲峯)에 응한다.

기운봉 봉수(起雲峯烽燧) 현 북쪽 139리에 있다. 북쪽으로 송치생대에 응하고, 남쪽으로 길주의 서산(西山)에 응한다.

우역 郵驛

명원역(明原驛) 현 북쪽 5리에 있다. 이시애의 군대가 패하여 이 역의 북쪽에 이르렀는데, 부하인 이주(李珠) 등에게 포박되어 원수(元帥) 막하(幕下)에 보내져서 복주(伏誅)되었다.

고참역(古站驛) 현 남쪽 36리에 있다.

사묘 祠廟

사직단(社稷壇) 현 서쪽에 있다.

문묘(文廟) 향교에 있다.

성황사(城隍祠) 현 동쪽 2리에 있다.

여단(厲壇) 현 서쪽에 있다.

사찰 寺刹

대사(大寺), **쌍계사**(雙溪寺) 모두 백록산에 있다.

중암(中菴), **은봉사**(隱峯寺), **석림사**(石林寺) 모두 칠보산에 있다.

개심사(開心寺), **금장사**(金藏寺), **황토사**(黃土寺) 모두 칠보산에 있다.

도솔암(兜率菴) 칠보산 사석(寺石) 아래에 있다. 경내 운치가 매우 기묘하고 뛰어나다.

금강굴(金剛窟) 칠보산에 있다. 암자가 석굴 안에 있으므로 이렇게 이름하였다. 앞에 금강대(金剛臺)가 있다.

고적 古蹟

영평산성(永平山城) 고참(古站) 북쪽에 층층의 산이 있고 그 위에 옛 석성이 있는데 둘레가 4712자이다. 안에 큰 못이 있었는데, 가뭄이 들어 비를 빌면 매번 응험이 있었다. 지금은 없어졌다.

대사동보(大寺洞堡) 현 서쪽 29리에 있다. 돌로 쌓았다. 둘레가 831자이다. 지금은 절반이 허물어졌다.

소사마동보(小斜亇洞堡) 현 북쪽 30리에 있다. 벽성(甓城)이고 둘레가 404자이다. 지금은 없어졌다.

가을마산성(加乙亇山城) 돌로 쌓았다. 둘레가 2520자이다. 지금은 없어졌다.

고장군파성(古將軍坡城) 현 서쪽 95리에 있다. 돌로 쌓았다. 둘레가 2965자이다.

재덕산성(在德山城)

회령도호부會寧都護府

동쪽으로 해안까지 149리이다. 남쪽으로 부령부(富寧府) 경계까지 68리이다. 서쪽으로 두만강(豆滿江)까지 6리이다. 북쪽으로 종성부(鍾城府) 경계까지 30리이다. 서울과의 거리는 1921리이다.

한전旱田

수전水田

건치연혁建置沿革

본래 고구려 지역이다. 뒤에 발해에 함락되고 이어서 여진(女眞)의 점령지가 되어 알목하(斡木河)라고 불렸다. 일명 오음회(吾音會)라고 한다. 본조 세종(世宗) 16년(1434)에 그 지역을 회복하여 회령도호부를 설치하였다. 태종(太宗) 때에 알타리(斡朶里)의 동맹가첩목아(童孟哥帖木兒)가 빈틈을 타고 들어와 알목하에 거주하였다. 세종 15년(1433)에 맹가(孟哥)가 올적합(兀狄哈)에게 살해당하여 알목하에 추장이 없어졌다. 16년에 마침내 석막(石幕)의 영북진(寧北鎭)을 백안수소(伯顔愁所)에 옮기고, 얼마 뒤에 알목하의 서북 지역이 적을 막을 요충지이며 또한 알타리의 남은 종족들이 거주하는 곳이라 하여 특별히 성보(城堡)를 설치하고 영북진 절제사(寧北鎭節制使)로 하여금 이곳을 겸하여 관할하게 하였다. 그러나 그 지역이 진과의 거리가 멀어서 성원(聲援)이 제대로 미치지 못하기 때문에 그해 여름에 따로 알목하에 진을 설치하고, 풍산(豐山), 원산(圓山), 세곡(細谷), 유동(宥洞), 고랑기(高郎岐), 아산(阿山), 고부거(古富居), 부회환(釜回還) 등의 지역을 경계로 삼아 회령진(會寧鎭)이라 칭하고 첨절제사(僉節制使)를 두었다가 겨울에 승격시켜 도호부사(都護府使)로 삼았다. 23년(1441)에 종성(鍾城)의 오롱초(吾弄草) 서쪽 지역을 떼어 내 여기에 병합시켰다. 세조(世祖) 때에 진을 설치하였다. 관장하는 면은 □□개이다.

진관

만호진(萬戶鎭) 1개 풍산(豐山)

관원

부사(府使), 판관(判官), 교수(敎授) 각 1인이다.

군명 郡名

아목하(阿木河)

형승 形勝

산은 대부분 험하고 토양의 기운이 차다.

장강(長江 두만강)의 험준함에 의지하고 있다. 본조 김종서(金宗瑞)가 〈5진의 형세를 논한 상소〔論五鎭形勢疏〕〉에 "장강의 험준함에 의지하고 있고, 방어하기에 편리함이 있습니다." 하였다. ○ 강변의 여러 진이 동일하다.

첩첩한 산령이 하늘과 경계를 짓고, 긴 강이 성곽을 두르고 있다. 본조 김세렴(金世濂)의 시[179] 〈회령(會寧)〉에 "첩첩한 산령이 하늘과 경계하여 우뚝하고, 긴 강은 성곽을 두르며 흐르네.〔疊嶺界天峻 長江繞郭流〕"라고 하였다.

풍속 風俗

기후가 몹시 춥고, 검소함과 용맹함을 숭상한다. 모두 지지(地志)에 있다.[180]

여행하는 사람은 식량을 가지고 다니지 않는다. 부적(府籍)

활쏘기와 말타기를 잘하며 사냥을 좋아한다. 육진(六鎭)의 민속은 모두 말타고 달려 돌진하기를 좋아하고, 활쏘기와 말타기를 잘하며 사냥을 좋아한다.

사람들이 대부분 용력(勇力)이 있다.

179 김세렴(金世濂)의 시 : 〈회령진(會寧鎭)〉이다. 《東溟集 卷5》

180 지지(地志)에 있다 : 《세종실록》 〈지리지(地理志) 함길도(咸吉道) 회령도호부〉에 실려 있다.

산천 山川

오산(鼇山) 부 서북쪽 5리에 있다. 진산(鎭山)이다. 두만강(豆滿江) 가에 있다.

원산(圓山) 부 동쪽 25리에 있다.

염통산(念通山) 부 남쪽 35리에 있다.

상문령(上門嶺) 부 서쪽 15리에 있다.

하문령(下門嶺) 부 서쪽 16리에 있다.

죽포령(竹苞嶺) 부 북쪽 15리에 있다.

가을파령(加乙坡嶺) 부 동쪽 85리에 있다. 고개 위에 세 갈래 길이 있다.

우라한령(于羅漢嶺) 부 서남쪽 50리에 있다. 바로 백두산(白頭山)의 남쪽 줄기이다.

전괘현(錢掛峴) 부 동남쪽 79리, 부령부 경계에 있다.

바다〔海〕 부 동쪽 149리에 있다.

두만강(豆滿江) 원류는 백두산에서 나와 뭇 물과 합하고 동량북(東良北), 사지(斜地)를 지나 본부의 지경에 이른 다음 부 서북쪽을 거쳐 북쪽으로 흘러 종성부 경계에 들어간다. 경원부(慶源府)에 자세히 보인다.

역산천(櫟山川) 부 남쪽 140리에 있다. 원류는 가을파동(加乙坡洞)에서 나와 역산(櫟山)을 지나 보제원천(菩提院川)이 되고, 동남쪽에서 합류하여 바다에 들어간다.

팔하천(八下川) 부 북쪽 1리에 있다. 원류는 원산에서 나와 부 북쪽 오산 아래를 지나 두만강의 삼기(三岐)로 들어간다.

풍산천(豐山川) 부 남쪽 20리에 있다. 원류는 전괘현의 여러 계곡에서 나와 풍산보(豐山堡)를 경유하고, 부성(府城) 서쪽에 이르러 알목하가 되어 두만강에 들어간다.

진주지(眞珠池) 부 동쪽 148리, 고랑기이(高郎岐伊)에 있다. 진주가 난다.

백두산(白頭山) 일명 장백산(長白山)이라 한다. 1년 내내 눈이 있기 때문에 이렇게 이름하였다. 부에서 서쪽으로 7, 8일 걸리는 거리에 있다. 산이 모두 3층으로 되어 있는데 높이가 200리요, 가로로 1000리에 뻗쳐 있다. 그 꼭대기에 못이 있는데, 둘레가 80리이다. 남쪽으로 흘러 압록강(鴨綠江)이 되고, 북쪽으로 흘러 송화강(松花江)과 혼동강(混同江)이 되고, 동북쪽으로 흘러 소하강(蘇下江)과 속평강(速平江)이 되고, 동쪽으로 흘러 두만강이 된다. ○《대명일통지(大明一統志)》에 "동쪽으로 흘러 아야고하(阿也苦河)가 된다."라고 했는데, 아마 속평강을 가리키는 듯하다.

○ 이하는 두만강 건너편에 사는 야인(野人)의 지역이다.

고라이(古羅耳)

사오이동(沙吾耳洞)

상가하(常家下)

아적랑이(阿赤郎耳)

하다가사(下多家舍)

벌인(伐引)

무을계(無乙界)

상동량(上東良)

중동량(中東良)

하동량(下東良)

어후강(魚厚江)

후훈(厚訓)

박가천(朴加遷)

검천(檢天)

토산 土産

철(鐵), 부 동쪽 60리, 활동(濶洞)에서 난다. 삼〔麻〕, 인삼(人蔘), 오미자(五味子), 매〔鷹〕, 담비〔貂〕, 청서(靑鼠), 황서(黃鼠), 소금〔鹽〕, 대구어(大口魚 대구), 비목어(比目魚), 문어(文魚), 송어(松魚) 연어(鰱魚), 방어(魴魚), 삼치〔麻魚〕, 청어(靑魚), 조개〔蛤〕, 홍합(紅蛤), 해삼(海蔘), 미역〔藿〕, 곤포(昆布), 해대(海帶 다시마)

성곽 城郭

부성(府城) 세종 때 석성(石城)을 쌓았다. 중종(中宗) 대 남북으로 터를 확장하고 성을 물려 쌓았으니, 둘레가 1만 776자이다. 문을 세웠으니 동문을 □□이라 하고, 남문을 □□이라 하였다. 안에 우물이 8개 있다. 우리 세종 16년(1434)에 김종서에게 명하여 북쪽 변방을 조치하게 하였는데, 회령(會寧), 종성(鍾城), 온성(穩城), 경흥(慶興)을 모두 김종서가 조치하고 구획하였다. 당시 조정에서 가부의 논의가 분분하였는데, 임금이 흔들리지 않고 전적으로 맡겨서 김종서가 결국 성공을 거두었다. 임금이 어찰(御札)을 보내 비밀리에 유시하기를 "경이 잘 헤아려서 계문(啓聞)하라." 하니, 김종서가 상소하여 4진(鎭)의 형세와 축성(築城)의 편리 여부를 논하여 아뢰기를 "신이 삼가 듣건대 위엄과 덕이 널리 베풀어져서 하루에 국토를 100리씩 확장시킨 자가 많지 않은 것은 아니지만 주(周)나라 문왕(文王)보다 성대한 이가 없었고, 병력을 모조리 동원하고 무력을 남용하여 1000리 밖까지 영토를 개척한 자가 많지 않은 것은 아니지만 한(漢)나라 무제(武帝)보다 심한 이는 없었습니다. 또한 어리석고 잔약하여 날로 그 영지를 축소시킨 자가 있으니, 이는 참으로 말할 것이 못 됩니다. 그러나 덕으로 나라를 개척한 자는 얻기는 쉬워도 잃기는 어려웠고, 힘으로 땅을 개척한 자는 얻기는 어려워도 잃기는 쉬웠으니, 일은 같아도 방법이 같지 않았기 때문입니다. 고려 시조는 무력은 삼한(三韓)을 통합할 만하였으나 위력이 북방까지 미치지 못하여 다만 철령(鐵嶺)을 경계로 삼았습니다. 예종(睿宗) 때에 책모(策謀)가 있는 신하가 지략을 써서 적의 무리를 유인하여 섬멸하고 드디어 9성(城)을 설치하였습니다만, 얻자마자 바로 잃어버렸습니다. 태조(太祖)께서는 하늘이 내신 성무(聖武)로서 삭방(朔方 북방)에서 일어나시어 바로 대동(大東)을 차지하였으니, 남쪽은 바다까지 다하고, 서북쪽은 압록강까지 이르고, 동북쪽은 두만강까지 이르렀습니다. 이에 공주(孔州), 경주(鏡州), 길주(吉州), 단주(端州), 청주(青州), 홍주(洪州), 함주(咸州) 등 7개 주를 설치하셨으니, 참으로 우리 동방에서 국가가 생긴 이래에 없었던 성대한 업적입니다. 태종께서 왕위를 계승하시어 도(道)가 흡족하고 정사가 다스려져서 점차 무젖게 된 지 오래되자 오랑캐가 교화되어 우리 백성이 되었고, 풍속을 선량하게 고쳤으므로 나라가 공고하게 지켜져서 감히 누구도 어쩌지 못하였습니다. 다만 태평한 세월이 오래되고 지키는 신하가 방어를 잘못한 탓으로 경성(鏡城) 이북이 적의 소굴로 들어가게 되었습니다. 태종께서 근심하시어 처음으로 부거(富居)에 경원부(慶源府)를 설치하여 옛 땅을 회복할 뜻을 넌지시 보이셨으니, 오랑캐를 물

리치고 국토를 회복하는 것은 성상께서 선왕의 뜻을 잘 계승하시기에 달려 있습니다. 지난번에 조정의 여러 신하들이 헌의(獻議)하기를 '경원을 줄여 용성(龍城)에 합친다면 북방의 조치가 알맞게 되고 백성들의 폐해도 다 없어질 것입니다.' 하니, 성상께서는 '조종이 지켜 온 것은 한 자 한 치의 땅이라도 버려서는 안 된다.' 하여 불가함을 고집하며 따르지 않았습니다. 그 뒤에 그 의론이 다시 일어나 시끄럽기 그지없자 마침내 신으로 하여금 대신들에게 가서 상의하여 석막(石幕)에 영북진(寧北鎭)을 더 설치하여 경계를 정하게 하셨습니다. 신이 지금 북방에 있으면서 가 보지 않은 곳이 없으며 듣지 못한 말이 없습니다만, 부거와 석막은 모두 경계로 삼을 곳이 아니며, 용성도 관방의 요새지는 아닙니다. 의론하는 이가 말하기를 '용성은 진(秦)나라의 함곡관(函谷關)과 같아서 좁고 험준하기가 비할 데가 없으니, 만일 여기만 지킨다면 오랑캐들이 감히 우리에게 간교함을 부릴 수 없을 것이고 우리 백성들도 편하게 누워서 마음대로 살 수 있을 것이다.' 하는데, 이는 절대로 그렇지 않습니다. 가로막을 수 있는 물이 없는데 무엇으로 험한 요새를 만들며, 의지할 만한 산이 없는데 무엇으로 방비를 단단하게 할 수 있겠습니까. 이곳이야말로 이른바 '사방으로 트여 있어 사방에서 적을 맞아 싸울 곳'입니다. 만일 4읍의 요충지로서 의당 큰 규모의 진을 만들어 주장(主將)이 주재하는 곳으로 삼고 4읍을 성원할 수 있는 곳으로 삼는다면 옳습니다. 그러나 혹 의론하는 사람의 말대로 용성을 경계로 삼았다가 오히려 침략당하는 근심을 면치 못한다면 뒤에 의론하는 자는 필시 마천령(磨天嶺)을 경계로 삼으려고 할 것이고, 또 침략을 면치 못하게 된다면 마침내 철령을 경계로 삼고야 말 것이니, 전조(前朝 고려)의 일을 거울삼을 만합니다. 신이 또 듣건대 역대 제왕들은 왕업의 터전이

된 땅을 중히 여기지 않은 적이 없으니, 한(漢)나라가 풍패(豐沛)에 대해서나 당(唐)나라가 진양(晉陽)에 대해서의 일로 대개 알 수 있습니다. 선조의 땅을 버려 지키지 않고 왕업의 터전이 된 땅을 잊어 수복하지 않는다면 선조가 이룬 기업(基業)을 튼튼히 하여 후손을 잘 두었다는 말을 할 수 있겠으며, 선조의 뜻을 잘 계승하여 그 공렬을 이어 나간다고 하겠습니까. 또한 용성을 경계로 삼는 것은 불의(不義)한 것이 한 가지요, 불리(不利)한 것이 두 가지가 있습니다. 선조의 강토를 줄이는 것이 한 가지 불의한 것이요, 산천의 험고함이 없는 것이 첫 번째 불리한 것이요, 수비의 편리함이 없는 것이 두 번째 불리한 것입니다. 두만강을 경계로 삼으면 한 가지의 대의(大義)와 두 가지의 큰 이익이 있으니, 왕업을 일으켰던 땅을 되찾는 것이 한 가지 대의이며, 장강(長江)의 험고함에 의거하는 것이 첫 번째 큰 이익이요, 수비의 편리함이 있는 것이 두 번째 큰 이익입니다. 그러니 용성을 경계로 삼고자 한 사람은 우연히 생각이 못 미친 것입니다. 하늘은 도(道)가 있는 자를 도와서 오랑캐들이 스스로 도망쳐 버렸으니 성상께서 이 기회를 이용하시어 한 명의 군사도 괴롭히지 않고 한 사람의 백성도 다치지 않게 하고서 옛 강토를 회복하고, 거기에 4개의 읍치(邑治)를 설치하면 선조의 뜻과 사업을 잘 계승하여 그 공렬을 더욱 빛냈다고 이를 수 있을 것입니다. 신이 또 듣건대 '큰일을 이루는 사람은 작은 폐단은 돌아보지 않으며, 큰 사업을 세우는 사람은 작은 손해를 계산하지 않는다.' 하였습니다. 일이 크면 폐단이 반드시 생기고, 사업이 크면 해가 따르는 것은 오늘날뿐만이 아니라 옛날부터 그러하였습니다. 이번에 4개의 읍치를 설치하는 것은 일을 크게 벌이기를 좋아해서가 아니라 선조의 땅을 수복하는 것이니, 이보다 더 큰일이 없을 것이며, 선왕의 사업을 잇는 것이니 이보다 더 중한 의(義)는 없을 것입니다. 어찌 작은 폐단을 염려하거나 작은 손해를 걱정하겠습니까. 하물며 첫해에 눈이 비록 많이 왔다 하나 가축이 심하게 손실되지 않았고, 다음 해에 역병이 비록 많았다 하나 백성들이 그리 많이 죽은 것은 아닙니다. 만약 의론하는 자의 말과 같다면 농우(農牛)와 전마(戰馬)가 어디에서 나왔으며, 많은 군졸과 장정들의 수효가 오히려 예전의 인원수보다 감소되지 않은 것은 또 무슨 까닭이겠습니까. 그 말이 실제 형편보다 지나쳤음은 현명한 자가 아니라도 알 수 있습니다. 또 지난해의 일로 말하면 그 화가 비록 컸다 하나, 한흥부(韓興富)의 사망, 곽승우(郭承祐)의 패군(敗軍), 용성의 대패[181]에 비하면 참으로 차이가 있습니다. 9년 동안의 홍수와 7년 동안의 가뭄이 요(堯) 임금과 탕(湯) 임금의 성덕(盛德)을 손상시키지 못하였고, 50만의 흉노(匈奴)나 40만의 돌궐(突厥)이 한나라와 당나라의 큰 공에 무슨 해를 끼쳤습니까. 하물며 재난이 1년을 넘지 않았고 도적이 수천도 못 되었는데, 무엇을 근심하며 무엇을 두려워하겠습니까. 신이 또 듣건대 옛날의 호걸은 만리장성을 쌓아 오랑캐를 막았고, 천 리의 긴 둑을 수리하여 황하(黃河)를 막았으며, 또 그 일을 하는 데 백성들을 동원한 것이 10년이란 오랜 세월이 걸렸다고 합니다. 이것은 좀 지나친 일이라 하겠으나, 후세에서는 그 혜택을 입었습니다. 우리나라는 북쪽이 말갈(靺鞨)과 접하고 있어 누차 침략을 받아 전조로부터 지금까지 그 화란이 그치지 않으니, 성곽의 수리와 갑병(甲兵)의 훈련이 마

181 한흥부(韓興富)의……대패 : 태종 10년(1410) 2월에 올량합(兀良哈) 등이 경원(慶源)으로 침입해 들어와서 함경도 절제사 한흥부를 살해하고, 경원부 병마절도사(慶源府兵馬節度使) 곽승우(郭承祐)는 화살에 맞아 패하였다. 그해 5월에 또 용성에 침입하여 절제사 전시귀(田時貴)와 서로 싸웠다. 이로 인하여 태종은 경원부를 부거참(富居站)으로 옮겼다.

땅히 다른 도에 비하여 백배나 더 해야 할 것입니다. 비록 금년에 성 하나를 쌓고 내년에 또 성 하나를 쌓아 성을 쌓지 않는 해가 없다 한들 의(義)에 해로울 것이 무엇입니까. 지난날 부거를 경계로 정했지만 오히려 몇 자의 성도 쌓지 않았습니다. 국경의 고을도 이러한데 하물며 용성 이남의 주군(州郡)이야 말할 것이 있겠습니까. 지금 생각하면 변방을 대비하는 계책이 몹시 잘못되었으니, 중국 사람이 비웃는 것도 당연합니다. 성상께서 진념하시어 책모하는 신하가 의론을 올리고 백성들이 자식처럼 모여들어 이미 회령(會寧)에는 성을 쌓았고 또 경원(慶源)에도 쌓아서 역사(役事)가 시기를 잃지 않고 일을 마치게 되었습니다. 하물며 갑산(甲山)과 경흥(慶興)은 스스로 수축(修築)하여 모두 견고한 성을 가졌으니, 북방의 걱정이 열에 일고여덟은 사라졌습니다. 신이 또 듣건대 은(殷)나라가 귀방(鬼方)을 치는 데 3년이 걸렸고, 주나라의 종군(從軍)한 군사가 마침내 '내가 이것을 못 본 지가 지금 3년이 되었다.'[182] 하고, 또 말하기를 '어느 달에나 내가 돌아갈거나.'[183] 하였으니, 이것을 보면 은나라와 주나라의 백성들도 오히려 오래도록 군역(軍役)을 면하지 못했던 것입니다. 그 이후로 오랑캐들

182 내가……되었다 : 《시경》 〈동산(東山)〉 제3장에 나오는 구절이다. 이 시는 주공(周公)이 성왕(成王)의 명을 받아 동산을 정벌하고 3년 만에 돌아온 뒤 종군한 군사를 위로하기 위해 지은 시로, "주렁주렁 달린 쓴 오이여, 저 밤나무 섶에 있도다. 내 이것을 보지 못한 지가, 지금 3년이 되었다.〔有敦瓜苦, 烝在栗薪. 自我不見, 于今三年.〕"라고 하여 아내가 기다리는 집에 돌아간 소회를 담은 내용이다.

183 어느……돌아갈거나 : 《시경》 〈양지수(揚之水)〉 제3장에 나오는 구절이다. 이 시는 주나라 평왕(平王)이 명분 없이 신(申)나라에 군사들을 주둔시켜 수자리 살게 한 것을 백성들이 원망한 시로, "그립고 그립나니, 어느 달에나 내 집에 돌아갈런고.〔懷哉懷哉! 曷月予還歸哉!〕"라고 한 데서 나온 말이다.

이 세력을 펴서 정벌과 방비가 더욱 확대되었으니, '돌아오니 백발이 되었는데 도로 변방에 수자리 살러 가는구나.'[184] 하는 시를 보고 알 수 있습니다. 비단 중국뿐이 아니라 전조 때에도 역시 그러하였습니다. 처음에는 철령을 관문(關門)으로 삼았다가 뒤에는 쌍성(雙城)을 경계로 삼고 여러 하도(下道)의 군사를 뽑아 보내 이곳에서 수자리 살게 하였습니다. 수자리 사는 군사는 늙도록 집에 돌아가지 못하였기 때문에 부자가 서로 알아보지 못하기까지 하였으니, 그 길이 얼마나 멀며 수자리를 얼마나 오래 살았는가를 알 수 있습니다. 오늘날의 일로 말하면 하늘과 땅의 차이입니다. 신이 또 듣건대 고을을 옮기는 것이 큰일이라고 합니다. 백성들의 원망을 일으키고 평화로운 분위기를 해치는 것은 옛사람들이 깊이 염려했던 것인데, 더구나 편안히 살고 있는 우리 백성을 저 사나운 족속들이 사는 지역으로 옮기는 것이야 말해 무엇하겠습니까. 원망하고 싫어하지 않는 사람들이 거의 없을 것입니다. 다만 성상의 계획이 신묘하여 한 사람의 아전도 처벌하지 않고 한 사람의 백성도 처벌하지 않으면서 수만 명의 민중이 불과 한 달 동안에 새 땅으로 다 모여들어 큰 사업이 쉽게 이룩되고 새 고을이 영구히 건설되었으니, 금방 성공하였다가 금방 실패한 것과는 같이 말할 수 없습니다. 뜻밖에 경박한 무리가 첫해에 큰 눈이 내린 것과 다음 해에 큰 역병이 돈 것을 빙자하여 서로 근거 없는 말을 퍼뜨려 인심을 현혹하고 선동했기 때문에 안정된 사람들이 동요하려 하며 자리를 잡으려던

184 돌아오니……가는구나 : 당(唐)나라 시인 두보(杜甫)의 〈병거행(兵車行)〉에 나오는 구절로, "떠날 때 마을 어른 머리 싸매 주셨거늘, 돌아오니 백발인데 도로 수자리 살러 간다네.〔去時里正與裹頭, 歸來頭白還戍邊.〕"라고 한 데서 나온 말이다. 《杜少陵詩集 卷2》

사람이 떠나려 하였으니, 하마터면 큰 사업이 저해되어 이전의 공이 무산될 뻔하였습니다. 다행히 성상의 현명한 단안에 힘입어 근거 없는 말은 저절로 사라지고 민심은 자연히 안정되었습니다. 게다가 지극히 인자한 은혜를 베푸시어 추운 자가 옷을 입게 하고 굶주린 자는 밥을 먹게 하니, 백성들은 노역에 고단해하면서도 그 수고로움을 잊으며, 군사는 수자리에 힘들어하면서도 그 고달픔을 잊었습니다. 옛사람이 말하기를 '백성을 괴롭히는 것이 윗사람에게서 말미암은 것이 아니라면 백성들은 적개심을 갖는다.'[185] 하였고, 또 '기쁘게 하여 백성을 부리면 백성들은 그 수고로움을 잊는다.'[186] 한 것이 바로 이것입니다. 오늘날 네 곳의 읍치를 설치한 것은 오로지 북방에 울타리를 만들기 위한 것이며, 오늘날 성곽을 쌓는 것은 오로지 울타리를 공고히 하기 위한 것이며, 오늘날 변경을 방수(防戍)하는 것 또한 외적을 방어하여 우리 백성을 편안하게 하기 위한 것입니다. 그렇다면 오늘날의 일은 그만두어도 될 것을 그만두지 않고 백성의 힘을 가벼이 쓰는 것이 아니며, 일을 크게 벌이기를 좋아하고 공을 세우기를 좋아하여 병력을 다하며 무력을 남용하는 것이 아닙니다. 대체로 백성들은 지극히 어리석은 듯하면서도 신통함이 있으니, 어찌 이러한 뜻을 모르겠습니까. 어떤 백성이 신에게 말하기를 '회령과 경원에는 지금 이미 성을 쌓았으니, 앞으로 쌓아야 할 것은 종성(鍾城)과 용성뿐입니다. 이 두 곳의 성만

185 백성을……갖는다 : 《시경집전(詩經集傳)》〈채미(采薇)〉 제1구 주에 나오는 정자(程子)의 말이다. 이 시는 백성들에게 수자리 군역을 보내는 시로, 백성을 괴롭게 하는 것이 고의가 아니고 북쪽 오랑캐의 침략 때문임을 말하여 위로하는 내용이다.

186 기쁘게……잊는다 : 《주역》〈태괘(兌卦) 단(彖)〉에 "기쁘게 하는 도로써 백성들에게 솔선하면 백성들이 그 수고로움을 잊는다.〔說以先民, 民忘其勞.〕"라고 하였다.

완성된다면 우리들은 아무 걱정이 없습니다.' 하였습니다. 진실로 이 말대로라면 다른 백성들의 마음도 따라서 알 수 있습니다. 지난해 경원의 화란은 가히 참혹하다 하겠습니다만, 그런데도 백성들은 두려워하는 기색 없이 흩어졌던 자들은 모여들고 도망갔던 자들은 돌아와 농사일에 힘쓰며 생업을 편안히 여겨 평소와 다름이 없었습니다. 오늘날의 일로 미루어 본다면 훗날에도 죽음을 무릅쓰고 떠나지 않을 것을 기약할 수 있습니다. 신이 오랫동안 북방에 있어서 야인(野人)의 사정을 익히 보았는데, 비록 부자 형제 사이라 할지라도 욕심이 생기면 서로 죽이고 해치기를 원수나 다름없이 하니, 비록 매일 천금(千金)을 소비하더라도 그들의 마음을 결속하기가 어렵습니다. 혹 이익으로써 그들을 결속한다 할지라도 이익이 다하면 또 그 패악을 자행합니다. 그러니 겉으로는 회유하는 은혜를 보이고 안으로 방어의 태세를 갖추는 것이 가장 좋습니다. 그리하면 우리의 세력은 저절로 강해지고 저들의 세력은 저절로 꺾일 것이니, 저절로 강해진 세력을 가지고 저절로 꺾인 틈을 이용한다면 곧 뜻한 바를 얻게 될 것입니다. 신이 서둘러서 성곽을 쌓고 병기를 수선하고 군사를 훈련하고 군량을 저축하려고 하는 것은 실로 이 때문입니다. 만일 성곽이 완전하고 튼튼하며 병기가 견고하고 예리하며 군사가 잘 훈련되어 있다면 4진의 사람들은 충분히 스스로 지키며 스스로 싸울 수 있을 것이니, 어찌 다른 군사의 원조를 기다리겠습니까. 신이 또 생각건대 새로 이주했던 초기에는 겨우 몇 자 되는 목책(木柵 울짱)을 가지고도 오히려 튼튼히 잘 지킬 수 있었는데, 더구나 이제 석성을 쌓고 난 뒤라면 스스로 지키는 것을 염려할 것이 뭐 있겠습니까. 백성들은 저장해 둔 것이 없고 관창에는 비축해 둔 것이 없는데다 이어 기근이 들었음에도 굶어 죽는 것은 모면하였습니다. 그런데 지금은 해마다 풍년이 들어 백성들은 먹고 남은 곡식이 있고 관청에도 여분의 저축이 있으니 식량이 떨어질 것을 어찌 염려하겠습니까. 관청에서 한 자 한 치의 요구도 없고 백성은 터럭만큼도 내는 것이 없는데 무엇 때문에 재화가 소진되겠으며, 백성들의 마음이 이미 안정되고 도망가는 무리가 날로 줄어드는데 무엇 때문에 모두 도망치겠습니까. 종성을 다 쌓으면 민력(民力)이 자연히 쉬게 될 것인데 어찌 힘이 소진될 것을 근심하겠으며, 용성 같은 곳은 형세가 그다지 급하지 않은데 굳이 서둘러 완성할 것이 뭐 있겠습니까. 그 물자와 인력이 넉넉해진 뒤에 해도 늦지 않습니다. 신이 또 듣건대 '선(善)한 사람이 나라를 다스리되 백 년이 되어야 잔악하고 사나운 자를 이기고 물리칠 수 있다.'라고 하였습니다. 이는 비록 선한 사람이라도 백 년을 지나지 않고서는 다스려진다고 말할 수 없다는 것입니다. 하물며 새로 읍을 설치한 지가 아직 10년도 되지 않았는데, 어찌 한 가지 일의 득실(得失)을 가지고 대번에 걱정하거나 기뻐하겠습니까. 삼가 바라건대 성상께서는 속히 이루기를 구하지 말고 작은 이익을 귀히 여기지 말며 작은 폐해를 따지지 말고 작은 걱정을 염려하지 말아서 오랜 세월을 두고 장구히 버티어 나가신다면 곧 근거 없는 말은 저절로 사라지고 민심은 저절로 안정될 것이며, 민폐도 저절로 제거되고 백성의 원망도 저절로 없어질 것이며, 백성의 식량은 자연히 풍족해지고 병력도 자연 강해져서 구적(寇賊)들이 저절로 굴복하여 새 고을이 영원히 견고하게 될 것입니다." 하였다. 상소가 들어가자 임금이 즉시 중관(中官)을 보내 유시하기를 "지금 경의 글을 보니, 북방의 일은 내가 근심할 것이 없겠다." 하였다.

행성(行城) 부 서쪽의 독산(禿山) 연대(煙臺)로부터 시작하여 두만강 기슭을 따라 굽이굽이 이어지다가 경원부 훈융진(訓戎鎭)에 이르러 끝난다. 본조 세종 때에 쌓은 것으로 부의 경내에 있는 것은 길이가 1만 1720자이고, 중종 때 보을하진(甫乙下鎭)을 새로 설치하고 물려 쌓았으니, 그 길이는 모두 3만 1600자이다.

공서 公署

고령 첨절제사진(高嶺僉節制使鎭) 부 북쪽 21리에 있다. 석성이고 둘레가 2780자이다. 병마첨절제사(兵馬僉節制使) 1인이 있다.

보을하 첨절제사진(甫乙下僉節制使鎭) 부 서쪽 25리에 있다. 석성이고 둘레가 3612자이다. 공희왕(恭僖王 중종) 4년(1509)에 설치하였다. 병마첨절제사 1인이 있다.

풍산 만호진(豐山萬戶鎭) 부 남쪽 55리에 있다. 석성이고 둘레가 1833자이다. ○ 병마만호(兵馬萬戶) 1인이 있다.

학교 學校

향교(鄕校) 객관 동쪽에 있다.

궁실 宮室

객관(客館) 본조 신숙주(申叔舟)의 시[187]에,

187 신숙주(申叔舟)의 시 : 〈회령 동헌 시에 차운하다〔次會寧東軒韻〕〉이다. 《保閑齋集 卷5》

우리 백성과 오랑캐가 농사지으며 함께 사는 곳　民虜耕耘與雜居
풍속은 활과 칼만 알고 서책은 모른다네　俗知弓劍不知書
백 년 오랑캐 땅 지금 진이 되었는데　百年胡地今爲鎭
알목하의 물은 옛 터전을 감아 흐르네　斡木河流繞古墟

하였다.

남루(南樓) 바로 남문(南門) 초루(譙樓)이다.

제승정(制勝亭) 객관 동쪽에 있다. 부사 김양필(金良弼)이 세웠다. 본조 이안눌(李安訥)의 시[188]에,

북쪽 고을 지키는 대장군께서　北庭都護大將軍
시월에 옛 변방 관문을 순행하는데　十月翻營古塞門
강가에 장성 쌓아 한나라 땅으로 봉하였고　河際長城封漢地
돌 머리 높은 보루는 오랑캐 구름을 누르네　石頭高壘壓胡雲
새벽녘 차가운 날씨에 천 개의 깃발 나부끼고　天寒曉色千旗動
해 지는 변방 성에 만 마리 말 울음소리 시끄럽네　日落邊城萬馬喧
흉노족도 이제 멀리 달아났을 것이라 하니　見說單于仍遠遁
흑산[189]에 이로부터 요사한 기운 끊어지리라　黑山從此絶妖氛

하였다.

188 이안눌(李安訥)의 시 : 〈절도사 이수일을 모시고 북쪽의 변성을 순시하면서 근체시 9수를 짓다〔陪李節度使守一北巡邊城而作近體九首〕〉 중 〈회령부(會寧府)〉이다. 《東岳集 卷1》

189 흑산(黑山) : 《북관기사(北關記事)》 〈산천과 도리〔山川道里〕〉에 "장백산 서쪽에는 서쪽에서 떨어져 나가 북쪽으로 일어난 흑산이 있는데 검덕산(黔德山)이라 부른다." 하였다. 여기서는 야인들이 거주하였던 북관 일대의 산을 통칭한 것으로 보인다.

봉수 烽燧

고령진 하을포 봉수(高嶺鎭下乙浦烽燧) 부 북쪽 40리에 있다. 남쪽으로 고령진의 북봉(北峯)에 응하고, 북쪽으로 종성(鍾城)의 세천보(細川堡) 포항(浦項)에 응한다.

북봉 봉수(北峯烽燧) 부 북쪽 30리에 있다. 북쪽으로 하을포에 응하고, 남쪽으로 죽포(竹苞)에 응한다.

죽포 봉수(竹苞烽燧) 남쪽으로 오롱초(吾弄草)에 응하고, 북쪽으로 북봉에 응한다.

오롱초 봉수(吾弄草烽燧) 부 북쪽 15리에 있다. 남쪽으로 오산(鼇山)에 응하고, 북쪽으로 죽포 봉수에 응한다.

오산 봉수(鼇山烽燧) 서쪽으로 하문(下門)에 응하고, 북쪽으로 오롱초에 응한다.

하문 봉수(下門烽燧) 남쪽으로 상문(上門)에 응하고, 북쪽으로 오산에 응한다.

상문 봉수(上門烽燧) 남쪽으로 독산(禿山)에 응하고 북쪽으로 하문에 응한다.

독산 봉수(禿山烽燧) 부 서쪽 18리에 있다. 동쪽으로 옹산(甕山)에 응하고, 북쪽으로 상문에 응한다.

옹산 봉수(甕山烽燧) 부 남쪽 20리에 있다. 남쪽으로 봉화현(烽火峴)에 응하고, 서쪽으로 독산에 응한다.

봉화현 봉수(烽火峴烽燧) 부 남쪽 20리에 있다. 북쪽으로 옹산에 응하고, 남쪽으로 염통산(念通山)에 응한다.

염통산 봉수(念通山烽燧) 북쪽으로 봉화현에 응하고, 남쪽으로 풍산보(豐

山堡) 천장(泉場)에 응한다.

천장 봉수(泉場烽燧) 부 남쪽 50리에 있다. 북쪽으로 염통산에 응하고, 남쪽으로 전괘현(錢掛峴)에 응한다.

전괘현 봉수(錢掛峴烽燧) 북쪽으로 천장에 응하고, 남쪽으로 부령(富寧)의 양영만동(梁永萬洞)에 응한다.

신증新增

고연대 봉수(古煙臺烽燧) 부 서쪽 20리에 있다. 남쪽으로 보을하진 남봉(甫乙下鎭南峯)에 응하고, 북쪽으로 상문에 응한다. 공희왕(恭僖王 중종) 4년(1509)에 독산을 폐하고 이곳으로 옮겼다.

보을하진 남봉 봉수(甫乙下鎭南峯烽燧) 부 서쪽 29리에 있다. 남쪽으로 송봉(松峯)에 응하고, 북쪽으로 고연대에 응한다.

송봉 봉수(松峯烽燧) 부 서쪽 40리에 있다. 남쪽으로 풍산보 서봉(豐山堡西峯)에 응하고, 북쪽으로 보을하진 남봉에 응한다.

풍산보 서봉 봉수(豐山堡西峯烽燧) 부 서쪽 50리에 있다. 남쪽으로 남봉(南峯)에 응하고, 북쪽으로 송봉에 응한다.

남봉 봉수(南峯烽燧) 부 서쪽 65리에 있다. 남쪽으로 금세동(金世洞)에 응하고, 북쪽으로 서봉에 응한다.

금세동 봉수(金世洞烽燧) 부 서쪽 75리에 있다. 남쪽으로 부령의 우무개(于無介)에 응하고, 북쪽으로 남봉에 응한다.

우역 郵驛

영안역(寧安驛) 부성 안에 있다.

풍산역(豐山驛) 풍산보에 있다.

역산역(櫟山驛) 부 동쪽 110리에 있다.

광제원(廣濟院) 부 남쪽 70리에 있다.

사묘 祠廟

사직단(社稷壇) 부 서쪽에 있다.

문묘(文廟) 향교에 있다.

성황사(城隍祠) 부 남쪽 10리에 있다.

여단(厲壇) 부 북쪽에 있다.

사찰 寺刹

고적 古蹟

공험진(公嶮鎭) 《동국여지승람(東國輿地勝覽)》에 이르기를 "고령진(高嶺鎭)에서 두만강을 건너 고라이를 넘고, 오동참(吾童站)과 영가참(英哥站)을 경유하여 소하강(蘇下江)에 이르는데, 강가에 공험진의 옛터가 있다. 남쪽은 구주(具州), 탐주(探州)와 이웃하고, 북쪽은 견주(堅州)와 접하고 있다." 하고, 또 이르기를 "《고려사》〈지리지(地理志)〉에 보면 '공험진은 예종(睿宗) 3년(1108)에 진(鎭)을 설치하여 방어사(防禦使)로 삼았고, 6년(1111)에 산성을 쌓았다.' 하였고, 주(註)에 '일경 공주(孔州)라고도 하고 일명 광주(匡州)라고도 하며, 선춘령(先春嶺)의 동남쪽, 백두산의 동북쪽에 있다고도 하고 소하강 가에 있다고도 한다.' 하였다. 지금 경원을 공주로 본다면 아마도 선춘령의 동남쪽, 백두산의 동북쪽, 소하강 가에 있다는 말이 옳을 듯하다. 그러나 상고할 수가 없다." 하였다. 지금 여기 '6년'의 '6' 자는 잘못인 듯하니, 다시 《고려사》의 〈윤관 본전(尹瓘本傳)〉과 〈병지(兵志) 축성(築城)〉 및 앞에 성을 돌려줄 때의 기록을 살펴보건대 바로 3년의 일이다.

선춘령(先春嶺) 《동국여지승람》에 이르기를 "두만강 북쪽 700리에 있다. 윤관이 토지를 확장하여 여기까지 와서 공험진에 성을 쌓고 드디어 고개 위에 비석을 세우고 '고려의 국경〔高麗之境〕'이라고 새겼다. 비석의 사면에 글씨가 있었는데, 모두 호인(胡人)들에 의해 깎여 나갔다." 하였다. 한준겸(韓浚謙)이 공험진과 선춘령을 논변한 글[190]에 이르기를 "삼가 철령(鐵嶺) 이북을 살펴보면, 옥저(沃沮) 땅은 뒤에 고구려에 속해 있었는데, 신라가 삼국을 통합할 때 그 지역을 잃었다. 고려 때에 정평(定平) 도련포(都連浦)로 경계를 삼았으니 석성의 옛터가 지금까지 남아 있다. 《고려사》를 살펴보면 '예종조에 윤관과 오연총(吳延寵)이 왕명을 받들고 출정하여 토지를 확장하고 국경을 개척하여 6개의 성을 새로 쌓았으니, 함주(咸州), 영주(英州), 웅주(雄州), 길주(吉州), 복주(福州)라 하고 공험진과 합하여 6개의 성이 되었다. 공험진은 바로 선춘령 아래에 있다.' 하였다.

《동국여지승람》에 이르기를 '선춘령은 바로 두만강 북쪽 700리에 있다. 윤관이 토지를 확장하여 여기까지 와서 고개 위에 비석을 세웠다.' 하

190 한준겸(韓浚謙)이……글 : 〈영주벽상기 뒤에 쓰다〔書英州壁上記後〕〉이다. 《柳川遺稿》

였다. 그러나 산천의 형세와 도리(道里)의 원근은 만고토록 변치 않는데 당시 검할(鈐轄)인 임언(林彦)이 지은 〈영주벽상기(英州壁上記)〉 및 〈윤관 본전〉을 상고해 보아도 대부분 증험되지 않는다. 임언의 〈영주벽상기〉에서는 '그 지역은 남쪽으로 장주(長州)와 정주(定州)이 이르고 동쪽으로는 큰 바다에 닿았으며, 서북쪽으로는 개마산(蓋馬山) 사이에 있으니, 사방 300리이다.' 하였고, 〈윤관 본전〉에서는 '헌의(獻議)한 자들은, 이위(伊位 함남 초황령(草黃嶺)) 경계 위에 병목〔甁項〕이 있는데 호인(胡人)이 이곳으로 군사를 들이니, 만약 그 목을 막는다면 영원히 호인에 대한 우환을 끊을 수 있다고 한다.' 하였다. 정주는 바로 지금의 정평이고, 장주는 정평부(定平府) 남쪽 55리에 있으니, 《동국여지승람》에 기재된 장곡폐현(長谷弊縣)이 바로 그 지역이다. 이른바 개마산은 비록 어느 곳에 있는지 모르겠지만 그 또한 필시 300리 안에 있을 것이다. 《동국여지승람》에 '함주는 바로 지금의 함흥(咸興)이고, 복주는 바로 지금의 단천(端川)이고, 웅주와 영주는 지금 어느 곳인지 모르겠지만 모두 길주 경내에 있을 것이다.' 하였다.

함흥은 정평과의 거리가 50여 리이니 오히려 부근 지역이 되는데, 단천은 함흥과의 거리가 비록 건장한 말이 빠르게 달려도 3, 4일 동안 온 힘을 다하지 않으면 도달할 수 없는 곳이니 얼마나 먼 거리인가. 길주는 단천과 2일 거리인데도 지금 웅주와 영주가 모두 그 경계에 있다 하니 또 얼마나 가까운가. 길주는 두만강까지 거의 500여 리이고 강을 건너 700리를 가야 비로소 선춘령에 다다르게 되니, 그런즉 그 사이의 거리가 못해도 천 몇 백 리이다. 두 진의 거리가 이와 같이 아득히 머니 성원(聲援)하는 일이 어찌 미칠 수 있겠는가. 〈윤관 본전〉에 이르기를 '여러 장수를 나누어 보내 지계(地界)를 확정하니 동쪽으로 화관령(火串嶺)이 이르고 북쪽으로 궁한이령(弓漢伊嶺)에 이르고 서쪽으로 몽라골령(蒙羅骨嶺)에 이르렀다.' 하였다. 또 이르기를 '궁한이촌(弓漢伊村)에 670칸을 쌓고 길주라 이름하였다.' 하였다.

큰 고을 순서대로 살펴보면 길주가 복주 경계 안에 있을 듯하고 정계(定界)의 형지로 말하면 길주는 바로 복주의 경계 밖에 있지만, 그 지계는 겨우 여기에서 벗어나지 않는다. 그렇다면 공험진이 어찌 멀리 두만강 밖에 있겠는가. 또한 고무산(古茂山) 북쪽으로는 지세가 평평하게 펼쳐져 있어 본래 병목 같은 형세가 없으며, 정평부터 호인 땅 경계에 이르기까지 몇 천여 리인데 300리라 한 것도 터무니없으니, 그 형세와 원근이 구구절절 합치하지 않는다. 혹은 윤관이 6개의 성을 설치하고 몇 년 되지 않아 바로 잃었고 또 수백 년이 지나 우리 태조조에 이르러 비로소 그곳을 회복하였으니, 읍거(邑居)와 산명이 대부분 그 진실을 잃었고, 틀린 채로 와전되어 그대로 신사(信史)가 이루어졌는데, 후대 사람은 그 설을 고집하기만 하고 그 진실을 밝히지 않아서 마침내 진실로 강 너머 천 리 되는 땅이 모두 윤관이 세운 경계가 된 것이 아니겠는가. 지금 300리 되는 지역의 형세로 추정하면 선춘령은 멀어도 마천령과 마운령 사이에 불과하다. 그리고 마운령 위에 예전에 석추(石樞)가 있었는데, 윤관 이후 고려조가 끝날 때까지 이 지역을 경리하였다는 말을 듣지 못하였으니, 아마도 이곳이 윤관이 개척한 경계일 듯하다. 그러나 세상에 그것을 변론한 자가 아직 없으니 자못 한탄스럽다." 하였다. ○ 지금 살펴보건대 《고려사》 〈오연총열전(吳延寵列傳)〉에 "여진(女眞)이 길주를 포위하자 왕이 다시 오연총을 보내 구하게 하였다. 행군하여 공험진에 이르렀을 때 적이 길을 막고 갑자기 공격하였으므로 우리 군사가 크게 패하여 장졸이 무기를 버리고 여러 성에 흩어져 들어갔다. 오연총이 장계를 갖추어 스스로 탄핵하고 윤관과 함께 군대를 정돈하여 다시 길주로 나아가려 하였다."라고 하였다. 그렇다면 공험진은 응당 길주보다 더 밖에 있지 않다. 또《고려사》〈지리지〉에 "공험진은 예종 3년에 성을 쌓고 진을 설치하여 방어사(防禦使)로 삼고, 6년에 산성을 쌓았다." 하였는데, 정인지(鄭麟趾)가 그 아래에 자주(自註)를 내기를 "일명 공주(孔州)라고도 하고, 일명 광주(匡州)라고도 한다. 일설에는 선춘령 동남쪽, 백두산 동북쪽에 있다고 하고 일설에는 소하강 가에 있다고 한다." 하였다. 그렇다면 정인지가 〈지리지〉를 편찬할 때부터 이처럼 그 지역이 정해지지 않았던 것이다.《동국여지승람》에서는 일명 공주라고 한 설에 기인하여 경원부에서는 "윤관이 여진을 쫓아내고 성채를 설치하여 공험진내방어소(公嶮鎮內防禦所)로 삼았다." 하고, 다시 백두산, 소하강의 설을 인용하여 공험진과 선춘령을 두만강 밖으로 연관 지었으니, 이는 의심스러운 것을 그대로 끌어다 맞추었다고 하겠다. 저 함주가 지금의 함흥이 되고 길주가 지금의 길주가 되고, 영주와 웅주가 길주에 병합되고 복주가 지금 단천이 된다는 것은 바로《고려사》〈지리지〉의 본문이지《동국여지승람》의 설이 아니다. 또한 〈윤관 본전〉과 〈영주벽상기〉로 헤아려 본다면 통태(通泰), 평융(平戎), 숭녕(崇寧), 진양(眞陽) 등의 진은 반드시 함흥과 길주 사이에 있을 것인데, 지금 근거 삼을 데가 없다. 대개 함흥 이북은 윤관이 개척한 지 몇 년이 되지 않아 호지(胡地)가 되었고 수백 년 이후 본조에 이르러 우리 국경에 들어왔으니, 진의 호칭과 산명이 대부분 그 옛 이름을 잃어서 정확히 지적하기가 어렵다. 우선 예전《동국여지승람》을 따르되 아울러 한준겸의 변설을 기재함으로써 밝혀낼 자를 기다린다.

운두성(雲頭城) 부 서쪽 50리에 있다. 석성이고 둘레가 1만 7040자이다. 안에 하천 하나와 우물 3개가 있었다. 지금은 없어졌다.

원산폐보(圓山廢堡) 부 서쪽 35리에 있다. 돌로 쌓았다. 둘레가 2만여 자이다. 안에 시내 둘과 못 3개가 있었다. 지금은 없어졌다.

영북폐보(寧北廢堡) 부 동쪽 13리에 있다.

옹희폐보(雍熙廢堡) 부 북쪽 31리에 있다.

이풍폐보(利豐廢堡) 부 남쪽에 있다.

산성(山城) 부 동쪽 30리에 있다. 돌로 쌓았다. 둘레가 3980자이다. 안에 못이 2개 있는데, 비를 빌면 응험이 있어 세속에서 용연(龍淵)이라 이른다.

명환 名宦

본조

어유연(魚有沼) 혜장왕조(惠莊王朝 세조)에 회령 부사(會寧府使)가 되었는데, 은혜와 신의로 위무해 주어 우리 백성과 오랑캐들까지 귀의하였다.

임형수(林亨秀) 중종 때에 홍문관 수찬으로서 외직에 나가 회령 판관이 되었다. 문장과 역사에 능하고 병법도 잘 알아서 당시 문무를 겸한 인재로 일컬어졌다.

유우 流寓

김우옹(金宇顒) 본조 성주(星州) 사람이다. 소경왕조(昭敬王朝 선조)에 유신으로서 항상 경연 자리에 있었다. 누차 관직을 옮겨 형조 참판이 되었다가 일에 연좌되어 회령에 유배되었다.[191] 작은 암자를 짓고 이름을 완재(完齋)라 하고, '무불경(毋不敬), 신기독(愼其獨)'[192] 글자를 써서 벽에 붙여 놓고 스스로 경계 삼았으며, 날마다 그 안에서 독서하기를 마치 유배 온 사람인 줄 모르는 것처럼 하였다. 거처한 지 4년이 되어 나라에 왜란이 일어나 방환되었는데, 사잇길로 의주(義州)의 행재소로 나아가니, 임금이 이르기를 "경은 학식 있는 유악(帷幄)의 신하이니, 지금부터 내게 잘못이 있으면 거리낌 없이 직간(直諫)하라." 하였다. 뒤에 이조 참판을 지냈다.

인물 人物

본조

차운혁(車云革) 세조 때에 이시애(李施愛)가 그 아우 이시합(李施合)과 함께 길주를 거점으로 삼아 모반하자, 임금이 귀성군(龜城君) 이준(李浚)에게 명하여 가서 토벌하게 하였다. 차운혁은 군관(軍官)으로 따라가 종성(鍾城) 사람 정휴명(鄭休明) 등과 함께 적진에 들어가 이시합을 포박하여 관군(官軍)에게 보내고, 또 여러 고을의 군사들을 결집하여 마운령(磨雲嶺)을 차단하였다. 이시합이 중도에서 그 도당을 만나 도망치고 차운혁은

191 일에……유배되었다 : 일은 기축옥사(己丑獄事)를 말한다. 기축년(1589, 선조22) 12월 정여립(鄭汝立)과 교분이 두텁다는 이유로 하옥되어 회령으로 유배되었다.

192 무불경(毋不敬), 신기독(愼其獨) : 모두 《예기(禮記)》에 나오는 말이다. 무불경은 〈곡례 상(曲禮上)〉에 나오는 말로 "불경하지 말라."라는 뜻이고, 신기독은 〈중용(中庸)〉에 나오는 말로 "혼자 있을 때 삼가라."라는 뜻이다.

이시애에게 잡혀 정휴명 등과 함께 모두 죽었다. 적이 평정되자 적개 공신(敵愾功臣)에 녹훈되었다.

신세준(申世俊) 선조가 왜구를 피하여 서쪽으로 파천할 때 재신 황정욱(黃廷彧) 등에게 명하여 두 왕자를 모시고 북관에 들어가도록 하였다. 마침 회령에 도착하였는데 부민(府民)인 국경인(鞠景仁)이 반란을 일으켜 왕자와 재신 및 부사 문몽헌(文夢軒), 함경남도 절도사 이영(李瑛)을 잡아 놓고 왜적을 맞이하여 투항하였다. 평사(評事) 정문부(鄭文孚)가 경성(鏡城)의 사인(士人)과 함께 군사를 일으켜 여러 고을을 회복하였고, 신세준 또한 의병을 일으켜 국경인을 베었다. 일이 보고되어 특별히 첨지중추부사에 제수되었다.

종성도호부鍾城都護府

동쪽으로 온성부(穩城府) 경계까지 27리이다. 북쪽으로 같은 부 경계까지 29리이다. 남쪽으로 회령부(會寧府) 경계까지 87리이다. 서쪽으로 두만강(豆滿江)까지 1리이다. 서울과의 거리는 2038리이다.

한전 旱田

수전 水田

건치연혁 建置沿革

본래 고구려 지역이다. 뒤에 발해에 함락되고 이어서 여진(女眞)의 점령지가 되어 수주(愁州)라고 불렸다. 본조 세종(世宗) 때에 처음 종성군(鍾城郡)을 설치하고 얼마 되지 않아 승격시켜 도호부로 삼고 남쪽 지계(地界)의 민가를 이주시켜 채웠다. 세종 16년(1434)에 이미 별도로 알목하(斡木河)에 회령부를 설치하고, 이듬해에 백안수소(伯顏愁所)의 영북진(寧北鎭)에 군(郡)을 설치하고 종성(鍾城)이라고 이름하였으며, 진절제사(鎭節制使)로 지군사(知郡事)를 겸하게 하여 부계(俯溪), 임천(林川), 녹야

(鹿野), 방산(防山), 조산(造山), 시반(時反) 등지의 민가를 귀속시켰다. 22년(1440)에 수주가 강굽이가 깊숙이 들어간 곳에 있어서 적이 침략해 오는 길목의 요충지이므로 드디어 군의 치소(治所)를 이곳으로 옮겼다. 그리고 본진(本鎭)의 성을 도절제사(都節制使)의 행영(行營)으로 삼았다. 23년(1441)에 도호부로 승격시켰다. 세조(世祖) 때 진(鎭)을 설치하였다. 관장하는 면은 □□개이다.

관원

부사(府使), 판관(判官), 교수(敎授) 각 1인이다.

군명 郡名

수주(愁州)

형승 形勝

강안(江岸)이 깊숙이 들어가 있어서 적이 침입해 오는 길목의 요충지이다. 지지(地志)[193]

193 지지(地志) : 《세종실록》〈지리지(地理志)〉이다.

산천 山川

소백산(小白山) 부 남쪽 45리에 있다. 진산(鎭山)이다. 봄과 여름에도 눈이 있다.

동건산(童巾山) 부 북쪽 25리에 있다. 모양이 종(鍾)을 엎어 놓은 것과 같다.[194] 부의 명칭은 이 산 때문에 생겼다.

나단산(羅端山) 부 동쪽 54리에 있다. 경원부(慶源府)에도 보인다.

광덕산(廣德山) 부 동쪽 45리에 있다. 위에 용담(龍潭)이 있다.

녹야현(鹿野峴) 부 남쪽 120리에 있다.

증산(甑山) 소백산의 동북쪽에 있다.

임천산(林泉山) 부 동남쪽 80리에 있다.

향현(香峴) 부 남쪽 20리에 있다.

국사당 중령(國祠堂中嶺) 부 북쪽 10리에 있다.

유성동현 중령(柳城洞峴中嶺) 부 동쪽 120리에 있다.

가을파령(加乙坡嶺) 부 동쪽 180리에 있다.

곡암(斛巖) 부 동남쪽 45리에 있다. 돌 모양이 휘〔斛〕를 쌓아 놓은 것 같기 때문에 이렇게 이름하였다.

바다〔海〕 부 남쪽 180리에 있다.

두만강(豆滿江) 회령부 경계에서 흘러 들어와 부성(府城) 서쪽 2리를 경유하고, 또 동북쪽으로 흘러 온성(穩城) 경계에 들어간다.

동관소천(潼關小川) 부 북쪽 1리에 있다. 서쪽으로 흘러 두만강에 들어간다.

194 모양이……같다 : 호인(胡人)이 종(鍾)을 '동건(童巾)'이다 하였다고 한다.《世宗實錄 地理志 咸吉道 鍾城都護府》

서풍천(西豐川) 부 북쪽 1리에 있다. 원류는 나단산에서 나와 두만강에 들어간다.

부계(俯溪) 부 남쪽 45리에 있다. 원류는 녹야현에서 나와 북쪽으로 흘러 경원부에 이르러 오롱초천(吾弄草川)과 합류한다.

오롱소수(吾籠所水) 부 남쪽 120리에 있다. 녹야현에서 나와 두만강에 들어간다.

담천(潭泉) 광덕산에 있다.

가도(椵島) 부 동쪽 198리, 바다 안에 있다.

수주동(愁州洞) 이 이하는 두만강 건너편 지역이다.

보청포동(甫青浦洞)

남경여동(南京餘洞)

벌시온동(伐時溫洞)

하을아동(下乙阿洞)

토산 土産

철(鐵), 부 동쪽 바닷가에서 난다. 삼〔麻〕, 인삼(人蔘), 오미자(五味子), 매〔鷹〕, 담비〔貂〕, 청서(青鼠), 황서(黃鼠), 소금〔鹽〕, 대구어(大口魚 대구), 문어(文魚), 홍합(紅蛤), 해삼(海蔘), 방어(魴魚), 비목어(比目魚), 청어(青魚), 송어(松魚), 은어(銀魚 도루묵), 연어(鰱魚), 미역〔藿〕, 곤포(昆布)

성곽 城郭

부성(府城) 돌로 쌓았다. 둘레가 4881자이고 높이가 8자이다. 문이 있고 성 안에 우물이 20개 있다. 세종 23년(1441)에 쌓았고 광해군(光海君) 1년(1609)에 부사 이영(李英)이 성의 둘레가 너무 넓다는 이유로 또 중성(中城 내성(內成))을 쌓았다.

두만강 행성(豆滿江行城) 돌로 쌓은 것은 길이가 6만 2408자이고, 흙으로 쌓은 것은 길이가 8만 5600자이고, 목책(木柵)은 길이가 3582자이다.

공서 公署

북도 절도사 행영(北道節度使行營) 예전에는 백안수소(伯顏愁所)라고 불렀다. 본조 세종 16년(1434)에 석막(石幕) 영북진(寧北鎭)을 이곳에 옮기고 그대로 영북진이라 일컬었다. 얼마 있다가 진을 고쳐 종성군(鍾城郡)을 설치하였고, 오래지 않아 또 지금의 부를 옮겨 설치하고 이곳을 도절제사 행영으로 삼았다. 뒤에 도절제사를 고쳐 북도 절도사로 삼고 그대로 행영으로 삼았다. 부 남쪽 85리에 있다. 석성(石城)이고 둘레가 8305자이다. 가운데 우물이 5개 있다. 서쪽으로 회령(會寧)과의 거리가 55리이고, 북쪽으로 온성(穩城)과의 거리가 70리이고, 동쪽으로 경원(慶源)과의 거리가 90리이다. 4진의 중앙에 있어서 두만강이 얼어붙었을 때에는 절도사가 이곳에 유진(留鎭)한다.

동관 첨절제사진(潼關僉節制使鎭) 부 북쪽 18리에 있다. 석성이고 둘레가 2982자이다. ○ 병마첨절제사(兵馬僉節制使) 1인이 있다.

방원 만호진(防垣萬戶鎭) 부 남쪽 32리에 있다. 석성이고 둘레가 2288자이다. ○ 병마만호(兵馬萬戶) 1인이 있다.

학교 學校

향교(鄕校) 객관 서쪽에 있다.

동강서원(東岡書院) 부 -원문 3, 4자 결락-에 있다. 광해군(光海君) 때에 경성 판관(鏡城判官) 이윤우(李潤雨)가 회령은 김우옹(金宇顒)이 유배된 땅이므로 부 사람들을 권면하기 위해 서원을 세워 보고 감흥을 받게 하였다. 동강(東岡)은 김우옹의 호이다.

서원(書院) 부 -원문 3, 4자 결락-에 있다. 기준(奇遵)을 향사하였고, 유희춘(柳希春)과 정엽(鄭曄)을 종향(從享)하였다.

궁실 宮室

객관(客館)

행영관(行營館) 행영에 있다. ○ 본조 김세렴(金世濂)의 시[195]에,

땅은 행영으로 중해졌고	地以行營重
성은 육진 중 하나를 겸하였네	城兼六鎭分
중앙에 대진을 설치하고	中央設大陣
좌우에 여러 군을 통솔하네	左右統諸軍
너른 길에 생황 노래 울리고	廣陌笙歌咽

195 김세렴(金世濂)의 시 : 〈행영(行營)〉이다. 《東溟集 卷5》

깊은 관문에 목탁 소리 들리네 　　重關木柝聞
장대한 계획 지금도 볼만하니 　　壯圖今可見
화려한 관곽이 오랑캐 운기 누르네 　　華閣壓胡雲

하였다.

봉수 烽燧

북봉 봉수(北峯烽燧) 부 북쪽 9리에 있다. 남쪽으로 남산(南山)에 응하고, 북쪽으로 동관진(潼關鎭)에 응한다.

동관진 봉수(潼關鎭烽燧) 부 북쪽 17리에 있다. 남쪽으로 북봉에 응하고, 북쪽으로 보청포(甫靑浦)에 응한다.

보청포 봉수(甫靑浦烽燧) 부 북쪽 21리에 있다. 남쪽으로 동관진에 응하고, 북쪽으로 온성의 소동건(小童巾)에 응한다.

남산 봉수(南山烽燧) 부 남쪽 5리에 있다. 북쪽으로 북봉에 응하고, 남쪽으로 중산(中山)에 응한다.

중산 봉수(中山烽燧) 부 남쪽 11리에 있다. 북쪽으로 남산에 응하고, 남쪽으로 삼산(三山)에 응한다.

삼산 봉수(三山烽燧) 부 남쪽 16리에 있다. 북쪽으로 중산에 응하고, 남쪽으로 오갈암(烏曷巖)에 응한다.

오갈암 봉수(烏曷巖烽燧) 부 남쪽 21리에 있다. 북쪽으로 삼산에 응하고, 남쪽으로 방원보(防垣堡)에 응한다.

방원보 봉수(防垣堡烽燧) 부 남쪽 31리에 있다. 북쪽으로 오갈암에 응하고, 남쪽으로 신기이(新岐伊)에 응한다.

신기이 봉수(新岐伊烽燧) 부 남쪽 40리에 있다. 북쪽으로 방원보에 응하고, 남쪽으로 세천보 포항(細川堡浦項)에 응한다.

세천보 포항 봉수(細川堡浦項烽燧) 부 남쪽 49리에 있다. 북쪽으로 신기이에 응하고, 남쪽으로 회령의 고령진 하을포(高嶺鎭下乙浦)에 응한다.

신증 新增

하수구 봉수(下水口烽燧) 부 북쪽 4리에 있다. 북쪽으로 북봉에 응하고, 남쪽으로 상수구(上水口)에 응한다.

상수구 봉수(上水口烽燧) 부 남쪽 5리에 있다. 남쪽으로 남산에 응하고, 북쪽으로 하수구에 응한다.

우역 郵驛

종경역(鍾慶驛) 부성 안에 있다.

무안역(撫安驛) 부 남쪽 75리에 있다.

녹야역(鹿野驛) 부 동쪽 122리에 있다.

소백산원(小白山院) 소백산 아래에 있다.

곡암원(斛巖院) 부 남쪽 40리에 있다.

관량 關梁

세천보(細川堡) 부 남쪽 25리에 있다. 석성이고 둘레가 1577자이다.

동풍보(東豐堡) 부 동쪽 40리에 있다. 토성(土城)이고 둘레가 1400여 자이다. 지금은 없어졌다. 또 부 동쪽 20리에 서풍보(西豐堡)가 있고, 부 동쪽

30리에 응곡보(鷹谷堡)가 있다. 모두 토성이 있었는데 지금은 모두 없어졌다.

사묘 祠廟

사직단(社稷壇) 부 서쪽에 있다.

문묘(文廟) 향교에 있다.

성황사(城隍祠) 부 동쪽 2리에 있다.

여단(厲壇) 부 북쪽에 있다.

김종서(金宗瑞) 사당 행영에 있다. 김종서가 북방을 잘 경리(經理)하여 북쪽 사람들이 그 공을 사모하였다. 금상(今上 현종) 6년(1665)에 관찰사 민정중(閔鼎重)이 사당을 세워 향사하였고,[196] 김응하(金應河)도 일찍이 북도(北道) 융좌(戎佐)를 지냈으므로[197] 배향하였다.

196 관찰사……향사하였고 : 민정중은 현종 5년(1664)에 함경도 관찰사에 제수되어 2년간 재임하였다.

197 김응하(金應河)도……지냈으므로 : 김응하는 광해군 때의 무신으로 경원 판관(慶源判官), 삼수 군수(三水郡守), 북우후(北虞候) 등을 지냈다. 1618년(광해군10)에 명(明)이 후금(後金)을 치면서 조선에 원병을 청하자, 이듬해 2월에 선천 군수(宣川郡守)로서 조방장(助防將)이 되어 부원수 김경서(金景瑞)의 휘하에 들어갔다가 다음 해에는 도원수 강홍립(姜弘立)의 좌영장이 되어 출정했다. 융좌(戎佐)는 수장(首將)을 돕는 막토인 아장(亞將)을 지칭한다.

고적 古蹟

동건성(童巾城) 부 북쪽 27리에 있다. 돌로 쌓았다. 둘레가 632자이며 절벽 높이는 1121자이다. 가운데 큰 못이 있는데 사면을 다듬은 돌로 꾸미고, 못 바닥은 얇고 넓적한 돌을 깔았다. 못가에 또 돌이 있는데 숫돌과 같이 평평하고 넓다. 민간에 전해지기를 "동건(童巾)이란 사람이 그 돌에 쓰기를 '태정(泰定) 5년에 적을 방어하고 7년[198]에…….'라고 하였으므로 동건성이라고 칭하였다."라고 한다.

동풍고보(東豐古堡) 부 동쪽 40리에 있다. 흙으로 쌓았다. 둘레가 1440자이다. 지금은 없어졌다.

서풍보(西豐堡) 부 동쪽 20리에 있다. 흙으로 쌓았다. 둘레가 1811자이다. 지금은 없어졌다.

응곡보(鷹谷堡) 부 동쪽 30리에 있다. 흙으로 쌓았다. 둘레가 1121자이다. 지금은 없어졌다.

남경(南京) 동관보(潼關堡)에서 두만강을 건너 보청포(甫靑浦)를 경유하여 사춘천(舍春川)을 건너면 옛 성이 있는데, 남경이라고 부른다. 그 서북쪽에 또 산성이 있는데 그 지명은 상고할 수 없다.

198 태정(泰定)……7년 : 태정은 원(元)나라 진종(晉宗) 연호로 1324~1328년까지이므로 태정 7년은 없다. 오기가 있는 듯하나, 태정 연간으로 본다면 5년은 1328년, 7년은 1330년이며, 이때는 고려 충숙왕(忠肅王) 연간이다.

명환 名宦

본조

정종(鄭種) 종성 부사가 되었다. 노산군(魯山君 단종) 1년(1453)에 박호문(朴好文)을 보내 이징옥(李澄玉)을 대신하여 절도사로 삼았다. 이징옥은 회령부 남천(南川)에서 인수인계를 하고 행차가 봉암(蜂巖)에 이르자 김종서(金宗瑞)가 주벌당했으므로 소환된 것이라고 의심하였다. 평소 김종서의 두터운 신임을 받았으므로 아울러 주벌당할 것이라 여기고 마침내 반란을 일으켰다. 신임 절도사와 상의할 일이 있다고 선언하고 말을 달려 다시 행영에 돌아와서는 습격하여 박호문을 죽였다. 그리고 스스로 대금황제(大金皇帝)라 칭하고, 야인(野人)에게 격문을 띄워 강을 건너기로 일정을 잡았다. 행차가 종성에 이르자 정종이 이징옥을 살해할 것을 모의하고 길에 나아가 맞이하고는 거짓으로 말하기를 "날이 이미 저물었으니 행군할 수 없습니다. 내일 아침 강을 건너기를 청합니다." 하니, 이징옥이 따랐다. 정종이 밤을 타 결사대를 끌고 갑자기 쳐들어가 공격해서 베었다.

유담년(柳聃年) 종성 판관이 되었다. 청렴하고 간명(簡明)하며 법을 지켰다.

남적(南績) 종성 부사가 되었다.

권승(權勝) 종성 통판(鍾城通判)이 되었다. 청렴하고 간명하였다.

유옥(柳沃) 종성 부사가 되었다. 형정(刑政)이 간명하고 청렴하였다.

정엽(鄭曄) 소경왕(昭敬王 선조) 때에 종성 부사가 되었다. 성지(城池)를 수선(修繕)하고 기계를 진열하며, 학교를 정비하여 생도(生徒)를 모아 학업을 시키되 시(詩)와 예(禮)를 위주로 가르치니 종성 사람들이 비로소 글을 배울 줄 알게 되었다. 오랑캐가 만여 기병으로 갑자기 들이닥쳐 성을 포위하였는데, 정엽이 말하기를 "군사의 수효가 현저히 다르니 기발한 계책을 쓰지 않으면 막기 어렵겠다." 하고 마침내 성문을 열어 기치(旗幟)를 많이 벌여 놓고 노약자나 남녀 모두에게 군복을 입고 성을 돌게 하였으며 밤에는 횃불 하나로 세 가닥을 만들었다. 오랑캐가 군사를 이끌고 떠났는데, 성을 에워싼 7일 동안 피해가 없었다.

유우 流寓

정여창(鄭汝昌) 함양(咸陽) 사람이니, 바로 일두선생(一蠹先生)이다. 본조 연산군(燕山君) 무오년(1498, 연산군4)에 김종직(金宗直)의 문인으로서 사화(史禍)에 연좌되어 종성에 유배되었고, 7년간 유배살이 하다가 이곳에서 죽었다. 뒤에 문헌(文獻)에 추시(追諡)되고 문묘에 종사되었다.

유희춘(柳希春) 해남(海南) 사람이다. 본조 공헌왕(恭憲王 명종) 을사년(1545 명종 즉위년)에 정언으로서 임백령(林百齡) 등의 모함을 입어 종성에 찬배되었다. 20년 동안 유배살이 하면서 깊이 생각하고 외우면서 글을 읽기를 밤낮없이 계속하니, 북도 사람들이 그 풍도를 듣고 배우러 오는 이가 많았다. 선조(宣祖)가 즉위하자 소환하였고, 관직이 대사헌에 이르렀다.

온성도호부穩城都護府

동쪽으로 경원부(慶源府) 경계까지 34리이다. 남쪽으로 해안까지 261리이다. 서쪽으로 종성부(鍾城府) 경계까지 37리이다. 북쪽으로 두만강(豆滿江)까지 5리이다. 서울과의 거리는 2101리이다.

한전 旱田

수전 水田

건치연혁 建置沿革

본래 고구려 지역이다. 뒤에 발해에 함락되고 이어서 여진(女眞)의 점령지가 되어 다온평(多溫平)이라고 불렸다. 본조 세종(世宗) 22년(1440)에 처음 온성군(穩城郡)을 설치하였는데, 곧이어 도호부로 승격시켜 남쪽 지계(地界)의 민가를 이주시켜 채웠다. 24년(1442)에 진(鎭)을 설치하였다. 관장하는 면은 □□개이다.

진관

만호진(萬戶鎭) 1개 영건(永建)

관원

부사(府使), 판관(判官), 교수(敎授) 각 1인이다.

군명 郡名

다온평(多溫平) 별호는 전성(氈城)이다.

형승 形勝

산천 山川

남산(南山) 부 남쪽 5리에 있다.

금련평(金連坪) 부 동쪽 195리에 있다. 토착민들은 금련덕(金連德)이라고 하는데, 무릇 큰 들판을 모두 덕(德)이라고 칭한다.

바다〔海〕 부 남쪽 261리에 있다.

대초도(大草島) 부 남쪽 바다 안에 있다. 둘레가 21리이다. 예전에 목장(牧場)이 있었는데, 중종(中宗) 때 단천(端川)으로 옮겼다.

소초도(小草島) 대초도 동쪽에 있다.

두만강(豆滿江) 종성부 경계에서 흘러 들어와 부성(府城) 북쪽 5리를 지나고, 또 동쪽으로 흘러 경원부 경계에 들어간다.

견탄(犬灘) 부 서쪽 40리에 있다.

압강탄(壓江灘) 부 서쪽 20리에 있다.

구암탄(龜巖灘) 구암봉(龜巖峯) 아래에 있다. 부와의 거리는 북쪽으로 11리이다. 본조 기준(奇遵)의 시[199]에 "구암에 구름 걷히고 저녁 강물 흐르는데, 아득한 봄 풍광이 방초 모래톱에 어리네.〔龜巖雲盡暮江流 漠漠煙光芳草洲〕"라고 한 것이 이곳이다.

유전탄(柳田灘) 부 북쪽 6리에 있다.

미전탄(美錢灘) 부 동쪽 23리에 있다.

입암탄(立巖灘) 부 동쪽 28리, 장성(長城) 밖에 있다. 깎여져 사각으로 모가 난 바위가 하늘 위로 우뚝 솟아 있고 그 위에는 항상 구름이 서려 있으니, 탄(灘)의 이름이 이 바위로 인해 지어졌다.

○ 이상은 모두 두만강을 건너는 여울이다. 또 정탄(丁灘), 타내탄(他乃灘), 포항탄(浦項灘), 독읍탄(禿邑灘)이 있는데, 모두 척후(斥候)를 설치하였다.

구암봉(龜巖峯) 부 서북쪽 20리에 있다. 이 이하는 두만강 건너편 지역이다.

탁타산(槖駝山) 부 서쪽 30리에 있다.

다온동(多溫洞) 부 북쪽 7리에 있다.

우지산(右地山) 부 서북쪽에 있다. 구암봉과의 거리는 30리이다.

어후강(魚厚江)

199 기준(奇遵)의 시 : 〈온성팔영(穩城八詠)〉 중 〈서쪽 나루에서 배를 띄우다〔西津泛舟〕〉이다.《德陽遺稿 卷2》

후지여동(厚知餘洞)

상주여동(尙州餘洞)

토산 土産

삼〔麻〕, 인삼(人蔘), 오미자(五味子), 매〔鷹〕, 담비〔貂〕, 청서(靑鼠), 황서(黃鼠), 수달(水獺), 소금〔鹽〕, 대구어(大口魚 대구), 비목어(比目魚), 문어(文魚), 연어(鰱魚), 송어(松魚), 황어(黃魚), 홍합(紅蛤), 백합(白蛤), 살조개〔江瑤柱〕, 해삼(海蔘), 미역〔藿〕, 곤포(昆布), 용편(龍鞭)

성곽 城郭

부성(府城) 돌로 쌓았다. 둘레가 5560자이다. 문이 있고, 성안에 우물이 25개 있다. 세종 23년(1441)에 쌓았다.

두만강 행성(豆滿江行城) 길이가 14만 3768자이고, 높이가 12자이다.

공서 公署

유원 첨절제사진(柔遠僉節制使鎭) 부 서쪽 18리에 있다. 석성(石城)이고 둘레가 3687자이다.

미전 첨절제사진(美錢僉節制使鎭) 부 동쪽 26리에 있다. 석성이고 둘레가 3639자이다. 강정왕(康靖王 성종) 15년(1484)에 설치하였다.

○ 이상은 병마첨절제사 각 1인이 있다.

영건 만호진(永建萬戶鎭) 부 남쪽 30리에 있다. 돌로 쌓았다. 둘레가 3390자이다. ○ 병마만호(兵馬萬戶) 1인이 있다.

봉수 烽燧

사장 봉수(射場烽燧) 부 서쪽 4리에 있다. 서쪽으로 유원평(柔遠坪)에 응하고, 동쪽으로 부평(府坪)에 응한다.

유원평 봉수(柔遠坪烽燧) 부 서쪽 13리에 있다. 동쪽으로 사장에 응하고, 남쪽으로 압강(壓江)에 응한다.

압강 봉수(壓江烽燧) 부 서쪽 23리에 있다. 북쪽으로 유원평에 응하고, 남쪽으로 고성 봉수(古城烽燧)에 응한다.

고성 봉수(古城烽燧) 부 서쪽 35리에 있다. 북쪽으로 압강에 응하고, 남쪽으로 시건(時建)에 응한다.

시건 봉수(時建烽燧) 부 서쪽 46리에 있다. 북쪽으로 고성에 응하고, 남쪽으로 견탄(犬灘)에 응한다.

견탄 봉수(犬灘烽燧) 부 서쪽 56리에 있다. 북쪽으로 시건에 응하고, 남쪽으로 중봉(中峯)에 응한다.

중봉 봉수(中峯烽燧) 부 서쪽 67리에 있다. 북쪽으로 견탄에 응하고, 남쪽으로 송봉(松峯)에 응한다.

송봉 봉수(松峯烽燧) 부 서쪽 71리에 있다. 북쪽으로 중봉에 응하고, 남쪽으로 소동건(小童巾)에 응한다.

소동건 봉수(小童巾烽燧) 부 서남쪽 78리에 있다. 북쪽으로 송봉에 응하고, 남쪽으로 종성부(鍾城府)의 보청포(甫靑浦)에 응한다.

부평 봉수(府坪烽燧) 부 북쪽 5리에 있다. 서쪽으로 사장에 응하고, 동쪽으로 포항(浦項)에 응한다.

포항 봉수(浦項烽燧) 부 동쪽 14리에 있다. 서쪽으로 부평에 응하고, 동쪽으로 미전(美錢)에 응한다.

미전 봉수(美錢烽燧) 부 동쪽 25리에 있다. 서쪽으로 포항에 응하고, 동쪽으로 송봉에 응한다.

송봉 봉수(松峯烽燧) 부 동쪽 31리에 있다. 북쪽으로 미전에 응하고, 남쪽으로 전강(錢江)에 응한다.

전강 봉수(錢江烽燧) 부 동쪽 44리에 있다. 북쪽으로 송봉에 응하고, 남쪽으로 입암(立巖)에 응한다.

입암 봉수(立巖烽燧) 부 동쪽 51리에 있다. 북쪽으로 전강에 응하고, 동쪽으로 경원부(慶源府)의 중봉(中峯)에 응한다.

궁실 宮室

객관(客館) 본조 이안눌(李安訥)의 시[200]에,

옛 고을 전성은 바로 하늘 끝이고	氈城古府是天涯
한 줄기 긴 강이 구이 지역을 경계 지었지	一派長江界九夷
서덜 안에서 이는 구름 안개로 번방 장막 어둡고	磧裏雲沙蕃帳暗
언덕마루에 부는 눈바람에 병영 피리소리 서글퍼라	隴頭風雪戍笳悲

200 이안눌(李安訥)의 시 : 〈절도사 이수일을 모시고 북쪽으로 변성을 순찰하면서 근체시 9수를 짓다〔奉陪李節度使守一北巡邊城而作近體九首〕〉 중 〈온성부(穩城府)〉이다. 《東岳集 卷1》

한평생 나라 근심하며 부질없이 검을 두드리다가 百年憂國空彈劍
만 리 밖에 종군하여 다시 시를 지어 보네 萬里從戎更賦詩
한밤중에 남쪽을 향해 북두성을 보았더니 中夜向南看北斗
결국 꿈속에서 돌아가 대궐을 맴돌았다네 不堪歸夢繞丹墀

하였다.

학교 學校

향교(鄕校) 부 동쪽 1리에 있다.

우역 郵驛

무령역(撫寧驛) 부성 안에 있다.

덕명역(德明驛) 부 남쪽 155리에 있다.

관량 關梁

황자파보(黃柘坡堡) 부 동쪽 27리에 있다. 석성이고 둘레가 1690자이다. 공희왕조(恭僖王朝 중종)에 권관(權管)을 두었다.

낙토(樂土)[201]

201 낙토(樂土) : 보(堡)이다. 《세종실록》 23년 1월 29일 기사에 도체찰사(都體察使) 황보인(皇甫仁)을 함길도에 보내 온성도호부에 낙토보 등을 설치하게 하였다고 하였다.

사묘 祠廟

사직단(社稷壇) 부 서쪽에 있다.

문묘(文廟) 향교에 있다.

성황사(城隍祠) 부 남쪽 3리에 있다.

여단(厲壇) 부 북쪽에 있다.

사찰 寺刹

고적 古蹟

주원보(周原堡) 부 동쪽 3리에 있다. 흙으로 쌓았다. 둘레가 452자이다. 지금은 없어졌다. ○ 본조 기준의 시[202]에,

사람 떠난 빈 성엔 풀만 무성하고	空城人去草蕪荒
오랑캐 달 처량하게 전장을 비추네	胡月凄凉照戰場
하늘 닿은 변방 문에 보루 그림자 외롭고	天接塞門孤壘影
들판 연한 강가 나무에 모래 빛 어지럽네	野連江樹亂沙光

하였다.

시건보(時建堡) 부 서쪽 23리에 있다. 흙으로 쌓았다. 둘레가 511자이다. 지금은 없어졌다.

낙토보(樂土堡) 부 남쪽 45리에 있다. 흙으로 쌓았다. 유지(遺址)가 있다.

202 기준의 시 : 〈온성팔영〉 중 〈옛성에서 달을 완상하다(古城翫月)〉이다. 《德陽遺稿 卷2》

풍천보(豐川堡) 부 동쪽 10리에 있다. 흙으로 쌓았다. 둘레가 1560자이다. 지금은 없애고 미전진(美錢鎭)으로 옮겼다.

고영건보(古永建堡) 부 남쪽 16리에 있다. 흙으로 쌓았다. 둘레가 1641자이다. 지금은 없어졌다.

명환 名宦

본조

신립(申砬) 소경왕조(昭敬王朝 선조)에 온성 부사(穩城府使)가 되었는데, 반란을 일으킨 오랑캐를 누차 격퇴하여 공을 세웠다. 얼마 뒤에 번호(藩胡) 이탕개(尼湯介)가 이웃 부락 추장과 함께 반란을 일으켜 경원(慶源)을 함락시키고 연이어 아산보(阿山堡)와 안원보(安原堡)를 함락시킨 다음 진격하여 종성(鍾城)을 포위하였다. 이에 신립이 그들을 격파하고 추격하여 강 밖에까지 이르러 소굴을 불태우니, 백성들과 오랑캐들이 경외하였다. 발탁되어 북도 절도사가 되었다.

이우직(李友直) 소경왕조에 온성 부사가 되었는데, 번호들까지 그 청렴한 덕을 칭송하였다.

유우 流寓

기준(奇遵) 본조 공희왕조(恭僖王朝 중종)에 사화(士禍)에 연루되어 홍문관 전한으로서 온성에 안치되었다. 기준은 유배 중에도 날마다 《주역》을 부

지런히 강독하였고 대하는 사물마다 명(銘)을 지으며 조석으로 보고 성찰함으로써 스스로 경계하였다. 말하기를 "아침에 도를 들으면 저녁에 죽어도 좋다. 그러므로 증자(曾子)께서 임종할 때 자리를 바꾸셨고,[203] 황패(黃霸)도 옥중에서 《상서(尙書)》를 배웠으니,[204] 어찌 죽음이 닥쳐왔다고 해서 그 뜻을 저버리겠는가." 하였다. 유배된 지 2년 만에 마침내 사사(賜死)되었으니, 소식을 들은 이들이 모두 차탄하며 애도하였다.

203 증자(曾子)께서……바꾸셨고 : 증자가 병환 중에 대부(大夫)의 신분에 걸맞은 화려한 깔개〔簀〕를 침상에 깔고 있었는데, 임종할 당시 자신의 분수에 맞지 않는다고 하여 제자들로 하여금 깔개를 바꾸게 하고 죽었다. 《禮記 檀弓上》

204 황패(黃霸)도……배웠으니 : 황패는 한(漢)나라 때의 유명한 순리(循吏)이다. 하후승(夏侯勝)과 함께 3년 동안 감옥살이를 하였는데, "아침에 도를 들으면 저녁에 죽어도 좋다."라는 말을 인용하면서 간곡히 요청한 결과 하후승에게 《상서(尙書)》를 배워 뒤에 현달했다는 고사가 전한다. 《漢書 夏侯勝傳, 循吏傳 黃霸》

경원도호부慶源都護府

동쪽으로 경흥부(慶興府) 경계까지 96리이다. 남쪽으로 해안까지 165리이다. 서쪽으로 온성부(穩城府) 경계까지 19리이다. 북쪽으로 두만강(豆滿江)까지 16리이다. 서울과의 거리는 2144리이다.

한전旱田

수전水田

건치연혁建置沿革

본래 고구려 지역이다. 뒤에 발해에 함락되고 이어서 여진(女眞)의 점령지가 되어 회가(會家)라고 불렸다. 본조 초에 공주(孔州)에 바로 지금의 경흥(慶興)이다. 경원부(慶源府)를 설치하였고 태종(太宗) 때에 치소(治所)를 소다로영(蘇多老營)으로 옮겼다. 얼마 뒤에 여진의 침략으로 인하여 그 지역을 비우게 되었다. 세종(世宗) 10년(1428)에 다시 이곳에 도호부를 설치하고 그대로 경원이라고 칭하고 남쪽 지계(地界)의 민가를 이주시켜 채웠다. 예전의 경흥부가 바로 지금의 경흥이다. 처음에 태조

(太祖)가 공주를 고쳐 경원부로 삼았고, 태종 9년(1409)에 소다로영으로 치소를 옮겼으며, 이듬해 여진의 침략으로 인해 민가를 이주시켜 경성군(鏡城郡)에 병합하여 마침내 그 땅을 비우게 되었다. 10년(1410)에 경성 두롱이현(豆籠耳峴) 북쪽을 떼어 내고 다시 경원부를 부거참(富居站)에 설치하였으니, 바로 지금의 부령부(富寧府) 부거현(富居縣) 지역이다. 세종 10년에 또 부의 치소를 회가에 옮겼으니, 바로 지금의 경원이다. 세조(世祖) 때에 진(鎭)을 설치하였다. 관장하는 면은 □□개이다.

진관

만호진(萬戶鎭) 2개 아산(阿山), 아오지(阿吾地)

관원

부사(府使), 판관(判官), 교수(敎授) 각 1인이다.

군명 郡名

회가(會家)

형승 形勝

나라의 북문(北門)이다.

풍속 風俗

기풍이 강하고 굳세며, 활쏘기와 말타기를 잘하고 사냥을 좋아한다.

산천 山川

증산(甑山) 부 서쪽 31리에 있다. 산 정상에 돌이 있는데 시루 모양과 같으므로 이렇게 이름하였다.

희악산(希嶽山) 부 남쪽 85리, 경흥부 경계에 있다.

복호봉(伏胡峯) 부 동쪽 10리에 있다.

운봉산(雲峯山) 부 남쪽 22리에 있다.

마유산(馬乳山) 부 북쪽 25리에 있다. 산 정상에 돌이 있는데 마유(馬乳)[205] 모양과 같으므로 이렇게 이름하였다.

나단산(羅端山) 부 남쪽 34리에 있다. 산 위에 7개의 바위가 차례로 서 있어 칠보석(七寶石)이라고 하는데, 오랑캐 말로 숫자 7을 나단(羅端)이라고 하므로 이렇게 이름하였다. 종성부(鍾城府)에도 보인다.

경관령(慶關嶺) 부 서쪽 18리, 온성부 경계에 있다.

회호로하대산(回呼老下大山) 부 서쪽 29리에 있다.

어라손산(於羅孫山) 훈춘강(訓春江) 동북쪽 70리쯤에 있다. 어라손고참(於羅孫古站)이 있으므로 이렇게 이름하였다.

야춘산(也春山) 부 동쪽 70리, 수빈강(愁濱江) 가에 있다.

205 마유(馬乳) : 포도의 일종으로 본디 당(唐)나라 태종(太宗) 때에 섭호국(葉護國)에서 바쳐 온 것이라고 하는데, 전하여 포도의 별칭으로도 쓰인다.

바다〔海〕 부 동쪽 165리에 있다.

두만강(豆滿江) 부 동쪽 25리에 있다. 원류는 백두산(白頭山)에서 나와 동량북(東良北), 사지(斜地)에서부터 회령부, 종성부, 온성부를 지나 부 경내로 들어온다. 또 남쪽으로 흘러 경흥부의 사차마도(沙次麻島)[206]에 이른 다음 나뉘어 5리쯤 흐르다가 바다에 들어간다. 여진 말로 만(萬)을 두만(豆滿)이라고 하니, 여러 물줄기가 여기에 이르러 합류하므로 이렇게 이름하였다. 사전(祀典)에 의하면, 북독(北瀆)의 신을 여기에서 제사 지낸다. 중사(中祀)에 실려 있다.

회가천(會家川) 부 남쪽 1리에 있다. 원류는 증산에서 나와 동쪽으로 흘러 두만강에 들어간다.

임성동천(林成洞川) 부 남쪽 19리에 있다. 원류는 나단산에서 나와 동쪽으로 흘러 두만강에 들어간다.

오롱초천(吾弄草川) 부 남쪽 45리에 있다. 원류는 경성부 유성동(柳城洞)과 회령부(會寧府) 세곡리(細谷里) 등에서 나와 동쪽으로 흘러 두만강에 들어간다.

현성평(縣城坪) 부 동쪽 25리에 있다. 이 이하는 두만강 건너편 지역이다.

훈춘강(訓春江) 원류는 여진 지역에서 나와 동림성(東林城)에 이르러 두만강에 들어간다. 알타리(斡朶里) 야인(野人)이 거주하는 곳이다.

수빈강(愁濱江) 원류는 백두산에서 나와 북쪽으로 흘러 소하강(蘇下江)이 된다. 한 줄기는 속평강(速平江)이 되어 동쪽으로 흘러 거양(巨陽)에 이르고, 또 동쪽으로 120리 흘러 아민(阿敏)에 이르러 바다에 들어간다.

206 사차마도(沙次麻島) : 녹둔도(鹿屯島)의 이칭이다.《與猶堂全書 大東水經 其二 滿水》

토산 土産

삼〔麻〕, 오미자(五味子), 인삼(人蔘), 사향(麝香), 해달(海獺), 수달(水獺), 소금〔鹽〕, 대구어(大口魚 대구), 비목어(比目魚), 문어(文魚), 연어(鰱魚), 삼치〔麻魚〕, 방어(魴魚), 홍어(洪魚), 청어(青魚), 해삼(海蔘), 홍합(紅蛤), 백합(白蛤), 송어(松魚), 굴〔石花〕, 고등어〔古刀魚〕, 미역〔藿〕, 곤포(昆布), 해대(海帶 다시마)

성곽 城郭

부성(府城) 돌로 쌓았다. 둘레가 5080자이다. 문이 있다. 세종 26년(1444)에 쌓았다.

공서 公署

훈융 첨절제사진(訓戎僉節制使鎭) 부 북쪽 28리에 있다. 석성(石城)이고 둘레가 3242자이다. 병마첨절제사(兵馬僉節制使) 1인이 있다.

아산 만호진(阿山萬戶鎭) 부 동쪽 75리에 있다. 석성이고 둘레가 1879자이다. 본래 건을가퇴보(件乙加退堡)인데 아산보(阿山堡)를 이곳으로 옮기고 그대로 이름을 붙였다. 병마만호(兵馬萬戶) 1인이 있다.

학교 學校

향교(鄉校) 객관 동쪽에 있다.

궁실 宮室

객관(客館) 본조 신숙주(申叔舟)의 시[207]에,

봄바람이 온 누리에 정히 가득한데	春風塵海正泱泱
석양의 외로운 성 여기는 타향이지	落日孤城是異鄕
푸른 산 너른 들판 너머로 오랑캐 물러갔거늘	碧岫郊原胡騎遠
누런 갈대밭 물가엔 변경 구름 길게 뻗쳐 있네	黃蘆洲渚塞雲長
나그네 가는 길은 쓸쓸한 관산 밖이요	羈遊落落關山外
돌아갈 꿈은 아득히 먼 한강 북쪽이라네	歸夢迢迢漢水陽
예로부터 우리와 오랑캐는 하늘이 구분 지었으니	從古華夷天所限
흐르는 강물 한 줄기가 국경이 되었다네	江流一帶作封疆

하였다.

봉수 烽燧

중봉 봉수(中峯烽燧) 부 북쪽 15리에 있다. 동쪽으로 마유(馬乳)에 응하고, 서쪽으로 온성부의 입암(立巖)에 응한다.

훈융진 장항 봉수(訓戎鎭獐項烽燧) 부 동쪽 18리에 있다. 남쪽으로 남산(南山)에 응하고, 서쪽으로 마유에 응한다.

마유 봉수(馬乳烽燧) 부 북쪽 15리에 있다. 동쪽으로 훈융진 장항에 응하고, 남쪽으로 후훈(厚訓)에 응하고, 서쪽으로 중봉에 응한다.

후훈 봉수(厚訓烽燧) 부 동쪽 57리에 있다. 남쪽으로 남산(南山)에 응하고,

207 신숙주(申叔舟)의 시 : 〈경원 동헌 시에 차운하다〔次慶源東軒韻〕〉이다. 《保閑齋集 卷9》

북쪽으로 마유에 응한다.

남산 봉수(南山烽燧) 부 남쪽 66리에 있다. 북쪽으로 후훈과 훈융에 응하고, 남쪽으로 동림(東林)에 응한다.

동림 봉수(東林烽燧) 부 남쪽 89리에 있다. 북쪽으로 남산에 응하고, 남쪽으로 수정(水貞)에 응한다.

수정 봉수(水貞烽燧) 부 남쪽 97리에 있다. 북쪽으로 동림에 응하고, 남쪽으로 아산(阿山)에 응한다.

아산 봉수(阿山烽燧) 부 남쪽 115리에 있다. 북쪽으로 수정에 응하고, 남쪽으로 백안(伯顔)에 응한다.

백안 봉수(伯顔烽燧) 부 남쪽 139리에 있다. 북쪽으로 아산에 응하고, 남쪽으로 경흥의 아오지보 동봉(阿吾地堡東峯)에 응한다.

우역 郵驛

마유역(馬乳驛) 부성 안에 있다.

연기역(燕基驛) 옛 건원보(乾元堡)이다. 부 남쪽 45리에 있다.

아산역(阿山驛) 고아산보(古阿山堡) 안에 있다.

관량 關梁

안원보(安原堡) 부 동쪽 29리에 있다. 석성(石城)이고 둘레가 2740자이다.

건원보(乾元堡) 부 동쪽 45리에 있다. 석성이고 둘레가 1450여 자이다. 공희왕조(恭僖王朝 중종)에 권관(權管)을 두었다.

고아산보(古阿山堡)

사묘 祠廟

사직단(社稷壇) 부 서쪽에 있다.

문묘(文廟) 향교에 있다.

성황사(城隍祠) 부 남쪽 5리에 있다.

두만강 신사(豆滿江神祠) 동림성(東林城) 안에 있다. 봄가을에 향축(香祝)을 내려 제사 지낸다.

여단(厲壇) 부 북쪽에 있다.

사찰 寺刹

정수사(淨水寺) 증산에 있다.

고적 古蹟

소다로고영(蘇多老古營) 우리 공정왕(恭定王 태종) 9년(1409)에 공주고성(孔州古城)에서 경원부 치소를 여기에 옮기고 목책(木柵)을 설치하여 거주하였다. 이듬해에 여진이 침략해 왔으므로 그 지역을 비우고 민가를 이주시켜 경성군에 병합하였다. 세종 10년(1428)에 이르러 비로소 지금의 고을을 설치하였다. 지금 그 지역은 동림성(東林城) 북쪽 5리에 있고, 부와의 거리는 동쪽으로 40리이다.

현성(縣城) 진북보(鎭北堡)에서 회가천(會家川)을 건너 큰 들 가운데 토성(土城)이 있으니, 이름을 현성이라고 한다. 성안에 우물이 6개 있다. 《용비어천가(龍飛御天歌)》를 살펴보면 "해관성(奚關城)은 동쪽으로 훈춘강(訓春江)과의 거리가 7리이고, 서쪽으로 두만강과의 거리가 5리이다." 하였는데, 이곳이 아닐까 한다.

거양성(巨陽城) 거(巨)는 한편 개(開)라고 쓴다. 현성에서 북쪽으로 90리에 있는 산 위에 옛 석성이 있는데, 이름을 어라손참(於羅孫站)이라고 한다. 거기서 북쪽으로 30리 되는 곳에 허을손참(虛乙孫站)이 있고, 거기서 북쪽으로 60리 되는 곳에 유선참(留善站)이 있고, 거기서 동북쪽으로 70리 되는 곳에 토성의 옛터가 있으니 바로 거양성이다. 안에 2개의 돌기둥이 있는데, 이것은 예전에 종(鍾)을 매달았던 곳이다. 종은 지름이 4자가 조금 넘었다. 일찍이 경원 사람 유성(庾誠)이라는 자가 그 성에 가서 그 종을 부수고 말 9마리로 싣고 오다가 겨우 10분의 1쯤 와서 따라간 30여 명이 모두 죽었다. 그리고 남겨진 쇠는 풀 속에 그대로 있었는데, 사람들이 감히 가져가지 못하였다. 세속에서는 고려 때 윤관(尹瓘)이 쌓은 것이라고 전한다.

동림고성(東林古城) 부 동쪽 40리, 두만강 변에 있다. 돌로 쌓았다. 둘레가 5811자이다. 매우 험준하다. 공정왕 1년(1401)에 수축하였다. 안에 큰 우물이 있는데, 그 깊이를 헤아릴 수가 없다.

건원보(乾原堡) 부 남쪽 45리에 있다. 돌로 쌓았다. 둘레가 2520자이다.

고아오지보(古阿吾地堡) 부 동쪽 101리에 있다. 흙으로 쌓았다. 강정왕(康定王 성종) 19년(1488)에 혁파하였다.

유신보(有信堡) 부 남쪽 87리에 있다. 흙으로 쌓았다. 성종 9년(1478)에 혁파하였고, 유지(遺址)가 있다.

고아산폐보(古阿山廢堡) 부 동쪽 59리에 있다. 돌로 쌓았다. 둘레가 2803자이다.

진북폐보(鎭北廢堡) 부 동쪽 14리에 있다. 돌로 쌓았다. 둘레가 613자이다.

오롱초폐보(吾弄草廢堡) 부 남쪽 45리에 있다. 흙으로 쌓았다. 둘레가 485자이다.

○ 이상 세 보는 공희왕 11년(1516)에 모두 혁파하였고, 유지가 있다.

명환 名宦

본조

박령(朴齡) 태종조에 경원 도병마사(慶源都兵馬使)가 되었는데, 너그럽고 후하며 위엄과 신의가 있어서 백성들이 기뻐하며 따랐다.

신유정(辛有定) 박령의 후임으로 경원 도병마사가 되었는데, 성품이 단호하고 꼿꼿하며, 삼가 법을 준수하여 송사를 처결하는 데 분명하고 미덥게 하므로 이르는 곳마다 아전과 백성들이 경외하면서 사랑하였다.

황희(黃喜) 경원 교수(慶源敎授)가 되었다. 힘써 훈도하고 가르치는 소임을 다하였다.

조원기(趙元紀) 공희왕조에 경원 부사가 되었다. 문무를 겸비하였고 청렴하고 대범하였으며, 자애롭고 꼼꼼하여 백성들을 편리하게 하는 정사를 행하였으므로 백성과 오랑캐가 모두 감복하여 칭송하였다. 부름을 받아 대사간에 제수되었다.

유우 流寓

한백겸(韓百謙) 본조 한성(漢城) 사람이다. 어려서부터 학문에 힘쓰고 행실을 돈독히 하였다. 소경왕조(昭敬王朝 선조)에 천거로 참봉이 되었는데, 무옥(誣獄)에 연좌되어 경원에 유배되었다.[208] 고난과 위험으로 거의 죽을 뻔하였는데도 오히려 날마다 경전을 공부하기를 오래도록 게을리하지 않았다. 왜란이 일어나자 방면되었는데 길이 막혀 돌아가지 못하였다. 변방 백성들이 혼란을 선동하여 왜군에 호응하자 관군이 뿔뿔이 흩어졌는데, 한백겸이 함께 유배된 선비들과 함께 의병을 불러 모아 변고를 일으킨 우두머리를 잡아 주벌하니, 온 지역이 안정되었다. 임금이 당시 의주(義州)에 행차해 있었는데 특별히 서용하여 내자시 직장에 제수하였다. 뒤에 관직이 호조 참의에 이르렀다.

208 무옥(誣獄)에……유배되었다 : 1589년(선조22) 기축옥사(己丑獄事) 때, 호남(湖南)에 있을 적에 정여립(鄭汝立)의 생질인 이진길(李震吉)과 친분이 있었다는 죄목으로 유배되었다.《愚伏集 卷18 通政大夫戶曹參議韓公墓碣銘》

경흥도호부慶興都護府

동쪽으로 조산포(造山浦)까지 35리이다. 남쪽으로 해안까지 40리이다. 서쪽으로 경원부(慶源府) 경계까지 36리이다. 북쪽으로 두만강(豆滿江)까지 35리이다. 서울과의 거리는 2205리이다.

한전旱田

수전水田

건치연혁建置沿革

본래 고구려 지역이다. 뒤에 발해에 함락되고 이어서 여진(女眞)의 점령지가 되었다. 《동국여지승람》에 이르기를 "오래도록 여진의 점령지가 되었는데, 고려(高麗) 때 윤관(尹瓘)이 여진을 몰아내고 성채(城砦)를 설치하여 공험진내방어소(公嶮鎭內防禦所)로 삼았다." 하였는데,[209] 이 일은 《고려사》

209 동국여지승람에……하였는데 : 《신증동국여지승람》 권50 〈경원도호부 건치연혁〉에 실려 있다.

에서는 상고할 수 없으니 무엇에 근거하였는지 모르겠다. 《고려사》 〈지리지(地理志) 공험진〉에 그 소재는 기록하지 않고, 정인지(鄭麟趾)가 그 아래에 주를 달기를 "일명 공주(孔州)라고도 하고 일명 광주(匡州)라고도 하며, 선춘령(先春嶺)의 동남쪽, 백두산(白頭山)의 동북쪽에 있다고도 하고, 또는 소하강(蘇下江) 가에 있다고도 한다." 하였으니, 《동국여지승람》은 여기에 기인하여 공험진을 이미 두만강 북쪽 700리 땅에 두고 또 여기에서 끌어대어 글을 만든 것이 아니겠는가. 본조 태조(太祖) 때에 땅을 개척하여 공주를 설치하고, 목조(穆祖)가 처음 왕업의 기반을 세운 땅이라 하여 경원부(慶源府)로 고쳤다. 태종(太宗) 때에 여진의 침략으로 인하여 그 지역을 비워 두었다. 세종 10년(1428)에 다시 경원부를 회가(會家) 지역에 바로 지금의 경원이다. 설치하였다. 17년(1435)에 또 공주고성(孔州古城)을 보수하여 공성현(孔城縣)으로 나누어 두었는데, 얼마 뒤에 고쳐 경흥군(慶興郡)으로 삼았다가 또 도호부로 승격시켰다. 경원부는 이미 치소(治所)를 회가로 옮겼는데, 세종이 공주 옛 땅과의 거리가 멀어서 방어하기 어렵다는 이유로 다시 공주고성을 보수하고 만호를 차임하여 공성 등지의 첨절제사를 겸임하게 하였다. 17년에 인근의 민가를 떼어 내 귀속시키고 따로 현을 설치하여 공성이라고 칭하고, 첨절제사로서 현의 정사를 겸임하게 하였다. 19년(1437)에 목조가 처음 왕업의 기반을 세운 지역이고 또 덕릉(德陵)과 안릉(安陵)이 있다는 이유로 승격시켜 경흥군으로 삼았다. 25년(1443)에 다시 그 성을 확장하고 승격시켜 도호부로 삼았다 세조(世祖) 때 진(鎭)을 설치하였다. 관장하는 면은 □개이다.

진관

만호진(萬戶鎭) 1개 무이(撫夷)

관원

부사(府使), 교수(敎授) 각 1인이다.

군명 郡名

공주(孔州), 공성(孔城)

형승 形勝

그 지형이 깊고 험하며 야인(野人)들과 인접해 산다. 본조 권근(權近)의 서문[210]에 "공주는 가장 외지고 먼 곳으로 지형이 깊고 험하며 야인들과 인접해 산다. 그들은 산이나 늪에 살며, 기분 좋을 때는 인간 같고 성낼 때는 짐승 같다."라고 하였다.

지세(地勢)는 가장 하등이다. 본조 김세렴(金世濂)의 〈육진 사정에 대한 장계〔六鎭事情狀〕〉[211]에 "경흥의 지세는 가장 하등입니다."라고 하였다.

야춘(也春)과 강을 사이에 두고 마주 보고 있다. 같은 김세렴의 글에 "경

210 권근(權近)의 서문 : 〈경원진 도병마사 신유정 공을 전송하는 서〔送慶源鎭都兵馬使辛公有定序〕〉이다. 《陽村集 卷12》

211 김세렴(金世濂)의……장계 : 〈북변 사정에 대한 장계〔北邊事情狀〕〉이다. 《東溟集 卷7》

홍이 오랑캐와 접응하는 것은 회령(會寧)과 동일한데, 경흥은 야춘 부락과 강을 사이에 두고 마주 보고 있어서 수시로 출입하면서 마음대로 행동하고 공갈도 치며, 불화하다가 친하다가 하여 사이가 일정치 않습니다."라고 하였다.

산천 山川

백악산(白嶽山) 부 서남쪽 57리에 있다. 산이 매우 높고 험준하다. 꼭대기의 돌 틈에서 물이 나오는데, 가물 때에도 마르지 않으며 비가 와도 넘치지 않는다. 비를 빌면 응험이 있다.

아양관산(我羊串山) 부 동쪽 60리에 있다.

초관산(草串山) 부 동쪽 60리에 있다.

함림평(咸林坪) 부 서쪽 10리에 있다. 토착민들은 함림덕(咸林德)이라고 부른다. 앞에 적지(赤池)와 구신포(仇申浦)가 있다.

바다〔海〕 부 남쪽 40리에 있다.

두만강(豆滿江) 경원부 경계에서 흘러 들어와 부성(府城) 동문(東門) 밖을 지나 남쪽으로 흘러 조산포(造山浦)에 이르러 바다에 들어간다.

적지(赤池) 부 남쪽 10리에 있다. 둘레가 몇 리가 되며, 북쪽으로 두만강에 이어져 있다. 도조(度祖)가 일찍이 꿈을 꾸었는데, 그에게 고하는 자가 있어 말하기를 "나는 백룡(白龍)이다. 지금 적지에 살고 있는데, 흑룡이 내 집을 빼앗으려고 하니 공이 구해 주기를 청한다." 하였다. 도조가 깨어나 이상하게 여기고 활과 화살을 차고 가서 살펴보니 운무가 자욱하여 깜깜한 가운데 백룡, 흑룡 두 마리가 한창 싸우고 있었다. 도조가 흑룡을 쏘아 맞혀 흑룡이 못에서 죽었다. 뒤에 백룡이 와서 사례하며 말하기를 "공의 자손들에게 앞으로 큰 경사가 있을 것이다." 하였다.

마전도(麻田島) 부 북쪽 40리에 있다.

추도(楸島) 부 북쪽 45리에 있다.

적도(赤島) 부 남쪽 40리에 있다. 둘레가 12리이다. ○ 처음에 목조가 알동(斡東)에 있을 때 여진의 여러 천호(千戶)와 서로 연회를 자주 가졌다. 익조(翼祖)가 자리를 이어받은 뒤에도 똑같이 하였는데, 그 뒤 익조의 위엄과 덕망이 갈수록 성대해지자 여러 천호의 부하들이 모두 익조에게 마음을 돌리게 되었다. 이에 여러 천호가 시기하여 해칠 것을 모의하고 마침내 거짓으로 고하기를 "우리들이 장차 북쪽 지역으로 사냥을 나갔다가 올 것이니 연회를 20일간 열지 말도록 합시다." 하니, 익조가 허락하였는데 기일이 지나도 오지 않았다. 이에 익조가 직접 해관성(奚關城)으로 가다가 도중에 길에서 물동이를 이고 있는 한 노파를 만났다. 익조가 목이 말라 물을 마시려고 하니, 노파가 물을 드리고 이어 말하기를 "공은 모르십니까? 이곳 사람들이 실은 군사를 요청하는 일로 떠났습니다. 귀관의 위엄과 덕망을 안타깝게 여겨 내가 감히 고하지 않을 수 없습니다." 하였다. 익조가 황급히 돌아와 집안사람들에게 배를 타고 두만강을 따라 내려가도록 하고 적도에서 만나기로 약속하였다. 그리고 자신은 손 부인(孫夫人)과 함께 경흥 뒷고개에 올라 알동 벌판을 바라보니, 적의 기병(騎兵)이 가득히 몰려오는데 선봉은 벌써 거의 다 온 상황이었다. 익조는 부인과 함께 말을 달려 바닷가에 이르렀다. 해안에서 적도까지의 물길 폭이 600보(步)가 되는데, 여기는 본래 조수(潮水)가 없고 깊어서 건널 수가 없었다. 배도 아직 오지 않아서 어찌할 방도가 없었는데, 갑자기 물이 빠져 100여 보 정도만

잦아들지 않았다. 익조는 부인과 함께 흰 말 한 필을 타고 건너가고, 따르는 사람들이 다 건너자 물이 다시 크게 불어 적들은 왔다가 건너지 못하고 돌아갔다. 익조는 마침내 움을 파고 살았는데, 그 터가 지금까지도 남아 있다. 알동 사람들은 익조가 적도에 있다는 말을 듣고 모두 그곳으로 돌아왔다. 뒤에 익조는 다시 덕원부(德源府)로 옮겨 살았다.

녹둔도(鹿屯島) 일명 사차마도(沙次磨島)라고 한다. 부 남쪽 56리, 두만강이 바다로 들어가는 곳에 있고, 조산포와의 거리는 20리이다. 농보(農堡)가 있다.

난도(卵島) 부 남쪽 70리, 바다 안에 있다. 둘레가 13리이다.

서수라곶(西水羅串) 부 남쪽 66리에 있다.

하다산(何多山) 이 이하는 두만강 건너편 지역이다.

남라이포(南羅耳浦)

필단탄(匹段灘)

이사산(伊沙山)

진주지(眞珠池) 무이보(撫夷堡) 바로 동쪽에 큰 못이 있는데 바다와 통한다. 세속에서 전하기를 용이 있으며 진주가 산출된다고 한다.

순지(蓴池)

토산 土産

삼〔麻〕, 철(鐵), 녹둔도, 해정(海汀), 천곶(穿串)에서 난다. 인삼(人蔘), 해달(海獺), 수달(水獺), 소금〔鹽〕, 대구어(大口魚 대구), 비목어(比目魚), 문어(文魚), 송어(松魚), 연어(鰱魚), 황어(黃魚), 고등어〔古刀魚〕, 홍어

(洪魚), **홍합**(紅蛤), **백합**(白蛤), **굴**〔石花〕, **숭어**〔秀魚〕, **자해**(紫蟹), **자하**(紫鰕 곤쟁이), **방어**(魴魚), **삼치**〔麻魚〕, **광어**(廣魚), **청어**(青魚), **해대**(海帶 다시마), **미역**〔藿〕, **곤포**(昆布)

성곽 城郭

부성(府城) 예전에 터만 남아 있었는데, 우리 태조 7년(1398)에 처음으로 석성(石城)을 쌓았다. 세종 25년(1443)에 다시 확장해서 증축하였으니, 둘레가 5026자이다. 문이 있고, 성안에 우물이 5개 있다.

공서 公署

무이 만호진(撫夷萬戶鎮) 부 북쪽 26리에 있다. 석성이고 둘레가 3240자이다. ○ 병마만호(兵馬萬戶) 1인이 있다.

조산포 만호진(造山浦萬戶鎮) 부 동쪽 35리에 있다. 북도(北道)에 예속되어 있다. 석성이고 둘레가 1579자이다. 바로 옛 진변보(鎮邊堡)이다. ○ 수군만호(水軍萬戶) 1인이 있다.

아오지 만호진(阿吾地萬戶鎮) 부 서쪽 37리에 있다. 석성이고 둘레가 2825자이다. 성종(成宗) 19년(1488)에 경원의 아오지보(阿吾地堡)를 폐하고 여기로 옮겨 설치하였는데, 옛 호칭을 그대로 썼다. 군창(軍倉)이 있다. ○ 병마만호 1인이 있다.

학교 學校

향교(鄕校) 객관 동쪽에 있다.

궁실 宮室

객관(客館)

환벽정(環碧亭) 부 동쪽 성 밖에 있다. 부사 반석평(潘碩枰)이 세웠다.

청허당(淸虛堂) 객관 서쪽에 있다. ○ 신숙주(申叔舟)의 시[212]에,

봄 그늘 어둑하여 해변 하늘도 시름겨운 듯한데	春陰漠漠海天愁
딱따기 소리에 이 밤 긴 것 알겠노라	刁斗聲中覺夜脩
멀리서 귀화해 오는 사람들 행렬이 이어지니	投化遠人來絡繹
곳곳마다 술자리 벌여 놓고 질펀히 노는구나	杯樽處處與優遊

하였다.

망덕정(望德亭) 객관에 있다.

봉수 烽燧

남봉 봉수(南峯烽燧) 부 남쪽 4리에 있다. 남쪽으로 구신포(仇申浦)에 응하고, 북쪽으로 망덕산(望德山)에 응한다.

구신포 봉수(仇申浦烽燧) 부 남쪽 18리에 있다. 남쪽으로 조산포(造山浦)의 남산(南山)에 응하고, 북쪽으로 남봉에 응한다.

212 신숙주(申叔舟)의 시 : 〈경흥 동헌 시에 차운하다(次慶興東軒韻)〉이다. 《保閑齋集 卷4》

남산 봉수(南山烽燧) 부 남쪽 42리에 있다. 남쪽으로 거수보(居愁堡)에 응하고, 북쪽으로 구신포에 응한다.

거수보 봉수(居愁堡烽燧) 부 남쪽 54리에 있다. 북쪽으로 남산에 응한다.

망덕산 봉수(望德山烽燧) 부 북쪽 10보(步)에 있다. 북쪽으로 다롱합(多弄哈)에 응하고, 남쪽으로 남봉에 응한다.

다롱합 봉수(多弄哈烽燧) 부 북쪽 8리에 있다. 북쪽으로 파태(波泰)에 응하고, 남쪽으로 망덕산에 응한다.

파태 봉수(波泰烽燧) 부 북쪽 18리에 있다. 북쪽으로 무이 북봉(撫夷北峯)에 응하고, 남쪽으로 다롱합에 응한다.

무이 북봉 봉수(撫夷北峯烽燧) 부 북쪽 28리에 있다. 서쪽으로 경원부의 옛 아오지보 동봉(阿吾地堡東峯)에 응하고, 남쪽으로 파태에 응한다.

아오지보 동봉 봉수(阿吾地堡東峯烽燧) 부 서쪽 32리에 있다. 북쪽으로 경원의 백안(伯顔)에 응하고, 동쪽으로 무이 북봉에 응한다.

우역 郵驛

강양역(江陽驛) 객관 남쪽에 있다.

옹무역(雍撫驛) 아오지진(阿吾地鎭)에 있다.

관량 關梁

서수라보(西修羅堡) 부 남쪽 57리에 있다. 석성이고 둘레가 874자이다. 토병(土兵)이 방수한다.

녹둔도보(鹿屯島堡) 녹둔도에 있다. 토성(土城)이고 둘레가 1240여 자이다. 병선(兵船)이 있으며, 조산 만호(造山萬戶)가 관할한다. 여름에는 본포 수군이 나누어 방수한다.

사묘 祠廟

사직단(社稷壇) 부 서쪽에 있다.

문묘(文廟) 향교에 있다.

성황사(城隍祠) 객관 북쪽에 있다.

여단(厲壇) 부 북쪽에 있다.

고적 古蹟

알동(斡東) 부 동쪽 30리에 있다. 목조가 덕원(德源)에서 이곳으로 옮겨 살았는데, 원(元)나라가 오천호소 달로화적(五千戶所達魯花赤)으로 삼았다.

고안릉(古安陵), 고덕릉(古德陵) 부성 남쪽 10리에 있다. 두 개의 둥근 봉우리가 있으니, 남쪽은 안릉이고, 북쪽은 덕릉이다. 공정왕(恭定王 태종) 10년(1410)에 함흥부(咸興府)에 이안(移安)하였다. 세속에서 능평(陵坪)이라 한다. ○ 《용비어천가(龍飛御天歌)》 주(註)에 "부 남쪽 12리쯤에 있는 적지평(赤池坪) 가운데에 둥근 봉우리가 있는데 높이가 35보이고 둘레가 90보쯤이며, 사면이 늪지대여서 사람들이 통행하기 어렵다. 목조의 덕릉이 봉우리 위에 있는데 장사 지낼 때 중국 사람이 와서 도왔다. 태조가 제군사(諸軍事)로 있을 때에 웅주와 길주 안무사 이원경(李原景)에게 가서 살피도록 하였다. 이원경은 본래 원나라 사람이다. 그 휘하인 백충신(白忠信)이 평소 지리(地理)를 볼 줄 알았는데, 이원경에게 말하기를 '이 묘소에서는 필시 자손 가운데 왕업을 일으키는 자가 나올 것입니다.' 하니, 이원경이 만류하며 말하기를 '다시는 그런 말을 하지 말라.' 하였다. 효공왕후(孝恭王后)의 안릉은 덕릉 북쪽 4리쯤에 있다. 공정왕 10년에 야인들이 난을 일으킨 일로 인해 두 능을 함흥부로 옮겼다." 하였다.

적지고성(赤池古城) 적지 가에 있으니, 매우 위험하다.

굴포(掘浦) 부 남쪽 35리에 있다. 포의 동쪽 5리쯤 되는 곳에 창고의 터가 있다. 민간에 전해지기를 예전에 조운(漕運)을 위해 물자를 맡아 두었다가 수송하던 곳이라 한다.

옹이역(雍耳驛) 옛터가 부 서쪽 90리에 있다.

회동보(檜洞堡) 부 서쪽 25리에 있다.

진변보(鎭邊堡) 서수라곶(西水羅串)에 있다.

서만원(徐萬院) 옛터가 부 서남쪽 50리에 있다.

판성동 고산성(板城洞古山城) 부 서쪽 51리에 있다. 돌로 쌓았다. 지금은 없어졌다.

아오지성(阿吾地城) 부 북쪽 55리에 있다. 두만강과의 거리가 5리이다. 돌로 쌓았다. 둘레가 2100자이다. 공희왕(恭僖王 중종) 4년(1509)에 여기에 보(堡)를 설치하였다가 16년(1521)에 예전의 진(鎭)으로 환원하였다.

명환 名宦

본조

원호(元豪) 선조(宣祖) 때 경흥 부사(慶興府使)가 되었다. 청렴하고 곧아서 백성을 괴롭히지 않았다. 당시 무관들이 뇌물을 조관(朝官)에게 보냈는데, 원호는 아첨하는 일을 한 적이 없다.[213]

이순신(李舜臣) 선조 때 조산 만호가 되었다. 청렴하고 간명하며 담략(膽略)이 있었다. 당시 북쪽 변경에 일이 많았는데, 이순신이 계략을 써서 반란을 일으킨 오랑캐 우을기내(于乙其乃)를 유인하여 포박하고 병영에 보내 참수하게 하니, 오랑캐에 대한 우환이 마침내 종식되었다. 순찰사 정언신(鄭彦信)이 녹둔도에 둔전을 설치하고 이순신에게 그 일을 관장하게 하였는데, 그곳은 지역이 외지고 군사도 적었다. 말 탄 오랑캐들이 틈을 타서 안개가 자욱이 덮인 전채(田寨 둔전 목책)를 습격해 오자, 이순신이 직접 화살을 쏘아 적의 괴수를 죽이고 크게 호통치며 추격하여 사로잡힌 군민을 빼앗아 돌아왔다. 한창 전투가 벌어질 때 독화살이 몸에 꽂혔는데 뽑아 버리고 힘써 싸우면서 안색도 변하지 않아서 아무도 알아채지 못하였다.

213 당시……없다 : 원호(元豪)의 시장(諡狀)에 의하면, "얼마 뒤에 이광(李洸)이 본도에 어사의 명을 받들고 왔는데, 기생을 말에 태우고 순시하면서 오직 기생이 말하는 대로 따라 하였으므로 열읍(列邑)에서 앞다투어 뇌물을 바쳤다. 공이 맡고 있는 고을에 이르자 공은 단지 술만을 주면서 끝내 사사로움이 끼어들지 못하게 하였다." 하였는데, 이 사실을 지칭하는 듯하다.《潛谷遺稿 卷11 嘉善大夫行驪州牧使贈左議政原昌府院君元公諡狀》

부령도호부富寧都護府

동쪽으로 해안까지 83리이다. 남쪽으로 경성부(鏡城府) 경계까지 62리이다. 서쪽으로 야인(野人) 지역 경계까지 35리이다. 북쪽으로 회령부(會寧府) 경계까지 38리이다. 서울과의 거리는 1815리이다.

한전 旱田

수전 水田

건치연혁 建置沿革

본래 경성군(鏡城郡) 석막성(石幕城)이다. 본조 세종 장헌왕(世宗莊憲王) 13년(1431)에 영북진(寧北鎭)을 설치하고 진절제사(鎭節制使)로서 판경성군사(判鏡城郡事)를 겸임하게 하였다. 이후 진을 백안수소(伯顔愁所)로 옮기고 바로 지금의 종성부(鍾城府) 행영(行營)이다. 이곳에 부령도호부를 설치하면서 부거현(富居縣)을 폐하였고 아울러 회령부(會寧府) 전괘현(錢掛峴) 이남 지역을 떼어 내 편입시켰다. 세조(世祖) 때에 진을 설치하였다. 관장하는 면은 □□개이다.

진관

만호진(萬戶鎭) 2개 무산(茂山), 옥련(玉蓮)

관원

부사(府使), 교수(敎授) 각 1인이다.

군명 郡名

석막(石幕), 부거(富居)

형승 形勝

풍속 風俗

산천 山川

두리산(豆里山) 부 동남쪽 11리에 있다.

석막산(石幕山) 부 남쪽 5리에 있다. 민간에 전해지기를 산 밑에 돌로 막(幕)을 만들었기 때문에 이렇게 이름하였다고 한다.

형제암(兄弟巖) 부 남쪽 19리에 있다. 바위 2개가 마주 보고 우뚝 솟아 있는데, 하나는 크고 하나는 작기 때문에 이렇게 이름하였다.

청암산(靑巖山) 부 남쪽 90리에 있다. 산의 돌이 모두 푸르기 때문에 이렇게 이름하였다.

회봉산(回峯山) 부 남쪽 60리에 있다.

쌍계산(雙溪山) 부 동쪽 29리에 있다. 일명 청계산(淸溪山)이라고 한다.

동랑산(冬郞山) 부 동쪽 67리에 있다. 사면에 바위가 험준하다.

운봉산(雲峯山) 부 동쪽 68리에 있다. 일명 운룡산(雲龍山)이라고 한다.

타락산(駝駱山) 부 동남쪽 84리에 있다.

복호봉(伏胡峯) 부 동쪽 64리에 있다.

다갈동(多曷洞) 부 동쪽 13리에 있다.

천곶(穿串) 일명 쌍개(雙介)라고 한다. 부 동쪽 58리에 있다. 산머리가 바다로 몇 리쯤 들어갔는데, 그 위는 높고 평평하다. 바로 앞에 바위가 있는데 거기에 문처럼 난 구멍으로 고깃배가 드나들 수 있다.

바다〔海〕 부 동쪽 83리에 있다.

대천(大川) 부 동쪽 30보(步)에 있다. 원류는 양영만동(梁永萬洞)에서 나와 무산보(茂山堡)를 경유하고, 남쪽으로 흘러 청암(靑巖)에 이르러 바다에 들어간다.

자장담(資莊潭) 부 남쪽 61리에 있다. 물빛이 맑고 매우 추운 겨울에도 얼지 않으며, 큰물이 지더라도 유사(流沙)가 메워지지 않는다. 세상에 전하는 말에는 용이 있다고 한다.

토산 土産

삼〔麻〕, 철(鐵), 다갈동(多曷洞)에서 난다. 구맥(瞿麥), 인삼(人蔘), 오미자(五味子), 잣〔海松子〕, 송이버섯〔松蕈〕, 화피〔樺皮〕, 토표(土豹 스라소니), 황서(黃鼠), 담비〔貂〕, 청서(靑鼠), 해달(海獺), 수달(水獺), 소금〔鹽〕, 대구어(大口魚 대구), 문어(文魚), 방어(魴魚), 송어(松魚), 황어(黃魚), 삼치〔麻魚〕, 청어(靑魚), 연어(鰱魚), 은어(銀魚 도루묵), 홍합(紅蛤), 굴〔石花〕, 백합(白蛤), 게〔蟹〕, 붕어〔鯽魚〕, 고등어〔古刀魚〕, 숭어〔秀魚〕, 전복〔鰒〕, 해삼(海蔘), 미역〔藿〕, 곤포(昆布), 해대(海帶 다시마)

성곽 城郭

부성(府城) 돌로 쌓았다. 둘레가 3139자이다. 안에 우물이 2개 있다. 선조(宣朝) 때에 관찰사 장만(張晩)이, 부성이 광활하여 산을 타고 넘어가므로 북쪽 성을 떼어 버리고 다시 쌓았다.

공서 公署

옥련 만호진(玉蓮萬戶鎭) 부 남쪽 60리에 있다. 석성(石城)이고 둘레가 1033자이다.

무산 만호진(茂山萬戶鎭) 부 북쪽 18리에 있다. 석성이고 둘레가 1742자이다.

○ 이상에는 각각 만호 1인이 있다.

신증 新增

부 북쪽 40리에 있다. 돌로 쌓았다. 성 둘레가 1764자이다. 안에 우물이 1개 있다. 옛 보는 토지가 척박하고 또 적의 경계와 거리가 멀기 때문에 공희왕(恭僖王 중종) 4년(1509)에 이곳으로 옮겨 설치하였다.

학교 學校

향교(鄕校) 예전에 부 동쪽 1리에 있었는데, 가정(嘉靖) 연간에 부 북쪽 1리로 옮겼다.

궁실 宮室

객관(客館)

봉수 烽燧

무산보 동량동 봉수(茂山堡東良洞烽燧) 부 북쪽 20리에 있다. 남쪽으로 부의 남봉(南峯)에 응하고, 북쪽으로 양영만동(梁永萬洞)에 응한다.

양영만동 봉수(梁永萬洞烽燧) 부 북쪽 50리에 있다. 남쪽으로 동량동에 응하고, 북쪽으로 회령부의 전괘현(錢掛峴)에 응한다.

남봉 봉수(南峯烽燧) 부 남쪽 7리에 있다. 남쪽으로 허통동(虛通洞)에 응하고, 북쪽으로 동량동에 응한다.

허통동 봉수(虛通洞烽燧) 부 남쪽 27리에 있다. 남쪽으로 옥련보 북봉(玉蓮堡北峯)에 응하고, 북쪽으로 남봉에 응한다.

옥련보 북봉 봉수(玉蓮堡北峯烽燧) 부 남쪽 50리에 있다. 남쪽으로 최달동(崔達洞)에 응하고, 북쪽으로 허통동에 응한다.

최달동 봉수(崔達洞烽燧) 부 남쪽 78리에 있다. 북쪽으로 옥련보 북봉에 응하고, 남쪽으로 경성부의 강덕(姜德)에 응한다.

신증新增

임수덕 봉수(林秀德烽燧) 부 남쪽 98리에 있다. 북쪽으로 옥련보 북봉에 응하고, 남쪽으로 경성부의 강가덕(姜加德)과 이순덕(李順德)에 응한다. 공희왕 9년(1514)에 최달동을 폐하고 이곳으로 옮겼다.

무산보 남봉 봉수(茂山堡南峯烽燧) 부 북쪽 40리에 있다. 남쪽으로 동량동에 응하고, 북쪽으로 우무개(于無介)에 응한다. 공희왕 4년에 양영만동을 폐하고 이곳으로 옮겼다.

우무개 봉수(于無介烽燧) 부 북쪽 50리에 있다. 남쪽으로 무산보 남봉에 응하고, 북쪽으로 풍산(豐山)의 금세동(金世洞)이 응한다.

우역郵驛

석보역(石堡驛) 부 동쪽 1리에 있다.

회수역(懷綏驛) 바로 옛 부거(富居)의 회수관(懷綏館)이다. 부 동쪽 60리에 있다.

무산원(茂山院) 부 북쪽 30리에 있다.

관량關梁

양영만동보(梁永萬洞堡) 부 북쪽 50리에 있다. 공희왕조(恭僖王朝)에 보를 설치하였다. 돌로 쌓았다. 둘레가 670자이다. 권관(權管)을 차임하여 방수하게 하였다.

사묘 祠廟

사직단(社稷壇) 부 서쪽에 있다.

문묘(文廟) 향교에 있다.

성황사(城隍祠) 부 서쪽 3리에 있다.

여단(厲壇) 부 북쪽에 있다.

사찰 寺刹

영수암(靈水菴), 은적사(隱寂寺) 모두 쌍계산에 있다.

구석사(龜石寺) 동량산에 있다.

보은사(報恩寺) 운봉산에 있다.

청룡사(青龍寺) 타락산에 있다.

양수암(兩水菴) 회봉산에 있다.

고적 古蹟

부거폐현(富居廢縣) 부 동쪽 60리에 있다. 돌로 쌓았다. 둘레가 2730자이다. 지금은 절반이 무너지고 떨어져 나갔다. 본래 경성(鏡城)의 부가참(富家站)인데, 본조 태조 7년(1398)에 떼어 내 경원부(慶源府)에 편입시켰고, 태종 7년(1407)에 경원부를 이곳에 옮겨 설치하고 치소로 삼았다. 장헌왕

(莊憲王 세종) 10년(1428)에 또 경원을 회가(會家)에 옮겨 치소로 삼고, 별도로 이곳에 부거현(富居縣)을 설치하였다. 31년(1449)에 현을 폐하여 부에 병합시켰다. 지금의 회수역이 그 지역이다. ○ 본조 신숙주(申叔舟)의 시에,

부령현 고을도 옮기고 백성도 옮기니	富寧移邑又移民
산 아래 잔폐한 성, 적막한 물가로다	山下殘城寂寞濱
이 땅이 전엔 오랑캐 소굴이었다가	此地曾爲胡窟穴
지금은 곳곳마다 임금 은택 입는다네	如今處處被皇恩

하였다.

명환 名宦

본조

우맹선(禹孟善) 중종(中宗) 초에 부령 부사(富寧府使)가 되었다. 지려(志慮)가 있었고 변고에 대응하는 데에 능하였다. 사졸을 위무하고 사랑하여 그들이 사력을 다할 각오를 갖게 하였다. 청백함은 비할 데가 없었으니, 세상에서 얼음처럼 지조가 깨끗한 자를 일컬을 때 반드시 우맹선을 지칭하였다. 뒤에 또 북도 절도사가 되었다.

인물 人物

본조

맹득미(孟得美) 활 쏘는 무예가 출중하였다. 첨지중추부사(僉知中樞府事)로서 이시애(李施愛)를 토벌하기 위해 종군하였다가 마침내 죽음을 당했다. 정헌대부(正憲大夫) 한성 부윤(漢城府尹)에 추증되었다.

지은이

유형원(柳馨遠)

1622(광해군14)~1673(현종14). 조선 후기의 실학자이다. 본관은 문화(文化), 자는 덕부(德夫), 호는 반계(磻溪)·둔암(遁庵)이다. 부친인 예문관 검열 유흠(柳欽)이 유몽인(柳夢寅)의 옥사에 연루되어 죽은 뒤 5세 때부터 외삼촌 이원진(李元鎭)과 고모부 김세렴(金世濂)에게 수학하였다. 두 차례 과거에 응시했으나 낙방하고, 32세 때 전라도 부안군 보안면 우반동에 은거하였다. 이곳에서 학문과 저술에 전념하며 여생을 보냈다. 저술로는 그의 실학사상을 집대성한《반계수록(磻溪隨錄)》외에《주자찬요(朱子纂要)》,《이기총론(理氣總論)》,《동국여지지(東國輿地志)》,《무경사서초(武經四書抄)》,《기효신서절요(紀效新書節要)》,《정음지남(正音指南)》,《동국문초(東國文抄)》등 수십 권이 있으나《반계수록》과《동국여지지》외에 시문 몇 편만 전하고 나머지는 유실되었다. 그의 저작과 사상은 생전에는 인정받지 못하였으나 100여 년이 지난 뒤《반계수록》의 개혁 사상이 널리 알려지면서 영조의 관심을 받아 높은 평가를 받고 책이 간행되어 세상에 전해졌다. 1770년(영조46) 통정대부 호조참의 겸 세자시강원찬선에 증직되었다. 그의 개혁안은 이후에도 실행되지 못하였으나 이익, 안정복, 정약용으로 이어지는 실학자들에게 큰 영향을 주었다.

옮긴이

오세옥(吳世玉)

전 한국고전번역원 수석연구위원.《한국문집총간》수록 문집 해제를 집필하였고,《승정원일기》,《명재유고》,《사직서의궤》,《경모궁의궤》,《천의소감》등의 번역에 참여하였다.

동국여지지 8

유형원 지음 | 오세옥 옮김

2023년 8월 31일 초판 1쇄 발행

발행인 김언종 | 발행처 한국고전번역원
등록 2008. 3. 12. 제25100-2018-000049호
주소 (03310) 서울시 은평구 진관1로 85
전화 02-350-4886 | 팩스 02-350-4899 | 홈페이지 www.itkc.or.kr

연구총괄 정영미 | 연구책임 장희성 | 연구기획 강지원

책임편집 이선주 | 편집진행·제작 조은지
교정 곽지숙 노성완 | 디자인 은희주
인쇄 명일인쇄

값 20,000원
ISBN 978-89-284-1005-7(94910)
978-89-284-0621-0(세트)